U0190372

长大以后
去南极

面向未来的
极地科学考察

褚建勋　孙立广　编著

中国科学技术大学出版社

内容简介

在本书中，你将跟随科科、阳阳兄弟和 K 大的教授爷爷一起踏上一段奇妙的南极之旅，乘坐极地科考船，穿过南大洋西风带的恶风险浪，来到冰雪王国，和科学家们共同探寻南极的奥秘。让我们一层一层揭开南极神秘的面纱。

图书在版编目（CIP）数据

长大以后去南极：面向未来的极地科学考察 / 褚建勋，孙立广编著 .—合肥：中国科学技术大学出版社，2023.4
（长大以后探索前沿科技）
ISBN 978-7-312-05222-4

I. 长… II.①褚… ②孙… III. 南极—科学考察—少儿读物 IV. N816.61-49

中国国家版本馆 CIP 数据核字（2023）第 055768 号

长大以后去南极：面向未来的极地科学考察
ZHANGDA YIHOU QU NANJI: MIANXIANG WEILAI DE JIDI KEXUE KAOCHA

出版　中国科学技术大学出版社
　　　安徽省合肥市金寨路 96 号，230026
　　　http://press.ustc.edu.cn
　　　https://zgkxjsdxcbs.tmall.com
印刷　合肥华云印务有限责任公司
发行　中国科学技术大学出版社
开本　710 mm × 1000 mm　1/16
印张　12
字数　109 千
版次　2023 年 4 月第 1 版
印次　2023 年 4 月第 1 次印刷
定价　48.00 元

人物简介

爷爷

60 岁，科科和阳阳的爷爷，K 大物理学教授，善良、沉稳、有耐心，是位学识渊博的物理学家。

科科

15 岁，阳阳的哥哥，聪明、善学，是一名成绩优异的初中生。

阳阳

10 岁，聪明好动，勇于冒险，喜欢看书，是一名热爱科学、善于思考的小学生。

前　言

在地球的最南端，有一片神秘的冰雪大陆，斗转星移，历经日月轮回的沧桑。它就是南极洲，是地球上最后一个被发现的大陆，也是唯一一个没有土著居民的大陆。这片大陆隐藏在厚厚的冰盖下，充满了未知与奥秘。

近代以来，随着航海技术的发展，人类开始踏上寻找南极的征程：南极在哪里？有哪些独特的地质风貌和气候特征？有哪些矿产和生物资源？它的发现对我们了解地球宇宙有哪些帮助？今天，科技的进步给南极考察带来了勃勃生机，破冰船载着科学家们驶向南极更深处，科考站使得越冬考察成为可能，南极神秘的面纱正一层一层被揭开。

在本书中，你将跟随科科、阳阳兄弟和 K 大的教授爷爷一起踏上一段奇妙的南极之旅，乘坐极地科考船，穿过南大洋西风带的恶风险浪，来到冰雪王国，和科学家们共同探寻南极的奥秘。这是我们共同的梦想……

目　录

1

遥远的冰雪王国：
南极地区独特的自然风貌

科科的学校组织了一次滑雪活动。傍晚，爷爷和阳阳一起去滑雪场接科科回家。科科正摆弄着手中的相机，并没有觉察到爷爷的到来，直到爷爷拍了拍他的肩膀，科科才回过神来，然后恋恋不舍地往家的方向走去。爷爷见状，笑着说："滑雪场的确很美，但是在地球上还有一块大陆，那才是真正的冰雪王国呢！"阳阳听到这话有点好奇，问道："爷爷，不是只有冬天才会下雪吗？怎么还有常年积雪的王国？"科科马上反应过来，笑着对爷爷说："爷爷，您说的是南极，对吧？"阳阳不禁思考："南极是一个什么样的地方呢？"

1

走近"南方大陆"

阳 阳：爷爷，南极是不是地球的最南端？

爷 爷：南极，南之极，看起来本义应该是地球的最南端。但是，现在常说的南极泛指南极地区，包括南极圈以南的地域，其中有南极大陆、南纬60°以南的南大洋地区和南大洋中的岛屿。

科 科：这么说来，南极的面积是不是非常大？

爷　爷：没错，南极的总面积约为 6500 万平方千米，而这其中也包括了约 1400 万平方千米南极洲的面积，南极大陆占地球陆地总面积的十分之一。实际上，南极洲不仅仅指南极大陆，还包括它周围的岛屿，南极大陆面积为 1200 多万平方千米，岛屿面积约为 7.6 万平方千米，除此之外，南极洲还有约 150 万平方千米的冰架。冰架，是海水上面漂浮的冰山和冰层。

阳　阳：南极离我们那么遥远，它是怎么被发现的呢？

爷　爷：南极的探索过程历时百年，是英雄探险家们经过不断探索发现的。中世纪后期，欧洲的航海家们就开始了寻找"南方大陆"的征程。根据记载，最早且最有可能发现整个南极大陆的是英国人詹姆斯·库克（人称库克船长），他完成了绕南极的环球航行，并三次进入了南极圈，但是他只见到了横亘在海面上的巨大冰山，还没有看到南极大陆，便很遗憾地折返了。

阳　阳：那后来呢？

爷　爷：在库克的航行之后，各国的南极探险行动还在继续，尤其是自 1831 年发现了北极磁后，法国、美国还有英国都派出了以科学考察南极为目的的探险队，开始寻找南极磁的所在。最终，法国人迪蒙·迪尔维尔在航行途中最先发现了南极磁存在的痕迹。英国人詹姆斯·克拉克·罗斯比迪尔维尔晚两年出发，他根据航行途中磁针方向的变化，确定了南极磁在陆地。1909 年，爱尔兰人沙克尔顿率领的探险队终于查明并确认了南极磁点的位置所在，即南纬 72° 25′、东经 155° 16′，后来的科学研究表明，南极磁点是不断地向西北方向移动的。

阳　阳：那么谁是最先征服南极点的人呢？

爷　爷：19 世纪末到 20 世纪 20 年代初的 25 年间，英国、

挪威、瑞典等国的探险家们完成了多次征服南极大陆的探险之旅，其中关于挪威人罗阿尔德·阿蒙森和英国人罗伯特·斯科特谁最先到达南极点的角逐最受世人瞩目。阿蒙森和斯科特分别于1911年12月14日和1912年1月17日先后到达南极点，他们从南极带回了珍贵的岩石、化石样本，也留下了珍贵的记录。35年后，美国人在南极点建立了规模宏大的科考站，为了纪念这两位先行者，它被命名为"阿蒙森－斯科特站"。

科　科：探险家们太伟大了，经历了这么多次的航行终于获得了成功。

爷　爷：是啊，科技的发展也为南极科考提供了极大的便利。1929年11月28日，美国人理查德·伊夫林·伯德等驾驶了一架装有3个发动机的飞机从小亚美利加基地出发到达了南极点，往返花费了19小时。而现在，乘坐螺旋桨飞机从麦克默多站到南极点往返只需要6个半小时。

阳　阳：为什么南极会被称为冰雪王国？那里很冷吗？

科　科：这个问题我知道答案！南极大陆基本都在南极圈以内，属于寒带气候，一年四季气温都很低，是一片被冰雪覆盖的大陆。

阳　阳：南极圈？这是怎么划出来的呢？

爷　爷：科学家们为了进行一系列活动的方便，在我们地球的表面，划分了很多看不见的经线、纬线，用来表明特定的地点。其中赤道、南北回归线和南北极圈把地球划分成了五个气候带，通常我们称北纬 66.5° 是北极圈，南纬 66.5° 是南极圈。极圈内纬度 90° 的地方叫作极点，是地球所有经线交汇的地方。南北极的极点也被看作地球的两个端点。

科　科：极点会发生哪些有意思的现象呢？

爷　爷：极点是地球上仅有的两个没有方向性的地方。在南极点，无论哪个方向都是北方。在这里，太阳一年只升落一次，有半年时间太阳一直在天上，始终是白天，被称为"极昼"；还有半年时间太阳一直不见踪影，始终是黑夜，被称为"极夜"。极点也没有时间的概念，因为地球上划分时区的经线都是在这里交汇的，这里可以属于任何时区。

阳　阳：这真是太有意思了，为什么会发生极昼和极夜现象呢？

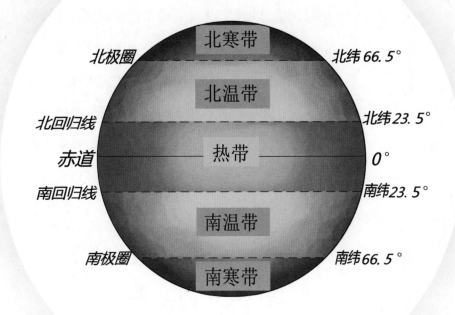

爷　爷：极昼和极夜现象是由地球自转与公转共同作用产生的。由于我们的地球是绕着一个倾斜的地轴来进行自转的，当它转动时，自转轴与垂线会形成一个约 23.5° 的倾斜角，所以地球在围绕太阳进行公转时，南极和北极中必有一个极在大约半年的时间里总是朝向太阳，全是白天，另一个极则总是背向太阳，全是黑夜，到了下一个半年，则恰恰相反。在南极点，太阳一般在农历秋分日左右升起，春分日左右落下，极昼持续的时间大约为 179 天，极夜为 186 天。事实上，只要是在极圈内就会发生极昼和极夜现象，只是纬度越低，

极昼
大约为

179 天

极夜
大约为

186 天

冬至日：

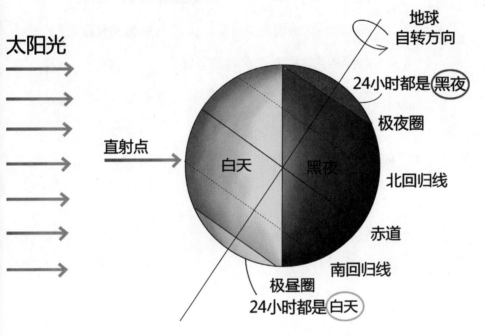

太阳光

直射点

白天

黑夜

地球
自转方向

24小时都是 黑夜

极夜圈

北回归线

赤道

南回归线

极昼圈

24小时都是 白天

发生的时间越短。

阳 阳: 太神奇了，地球上居然会有这么奇妙的地方！

爷 爷: 不止于此，南极洲还是地球上平均海拔最高的大陆，数千万年以来累积的冰雪使这里的平均海拔高度达到了 2300 米，而我们亚洲的平均海拔为 950 米，北美洲为 700 米，大洋洲的澳大利亚平均海拔为 340 米，欧洲就更低了，只有 300 米。除了地形，南极还有很多奇观，比如极光、冰下湖、白色沙漠等。

科 科: 太震撼了，一定特别美。

考考你

谁是最先到达南极点的人？

A. 阿蒙森　　B. 斯科特

C. 库克　　　D. 伯德

2

谁持彩练当空舞

阳　阳: 爷爷，极光是什么呢?

爷　爷: 在地球南北极附近，夜晚时高空中会出现绚烂无比的光芒，我们称之为极光。它一般出现在距离地面 100~500 千米的电离层中，因为这样的高度趋于真空，存在可以诱发极光产生的稀薄气体。极光也是人类唯一可以使用肉眼观测到的超高层大气物理现象。

阳　阳: 极光只有在夜里才能看见吗?

爷　爷: 白天也有极光发生，只不过由于太阳的光线太强，我们肉眼看不见而已。伴随着电磁现象发生的极光叫作无线电极光。

科　科: 极光是怎么产生的呢?

爷　爷: 极光形成的原理很简单，是高空大气的一种发光过程，就像日光灯管一样，灯管中的稀薄惰性气体氖因受到带电粒子的强烈碰撞而发光。具体来说，与地球相距 1.5 亿千米的太阳，始终在进行核聚变反应，这种反应产生的强大带电微粒子流以极大的速度射向周围宇宙空间，科学家们称之

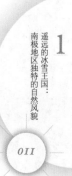

为"太阳风"。当太阳风到达地球时，大部分被阻挡在地球的磁层外，少数带电粒子侥幸以高速进入地球高空大气层，遇到稀薄大气分子产生强烈碰撞发出各种颜色的光。

阳　阳：原来极光还有各种各样的颜色啊。

爷　爷：是的，地球上空的大气中含有不同的气体分子，太阳放射出的带电微粒和不同的气体分子相撞，产生不同颜色的光。我们在地球上最常见到的极光是绿色和红色的，因为大气中主要的组成成分是氮气和氧气，相对于其他气体，这两种气体更有可能与带电微粒发生碰撞。太阳放射出的带电微粒与其他气体，比如和氖气发生碰撞时发出粉色的光，和氩气发出蓝色的光，和氦气发出黄色的光。气体不同，碰撞时发出的光的颜色也各有不同。我们在大街上看到的五颜六色的霓虹灯也是这个原理。此外，科学家还发现，极光的颜色还和带电微粒的波长以及相互碰撞的空间高度有关。

科　科：除了颜色，极光还有什么特征呢？

爷　爷：除了颜色，极光的亮度也各不相同，有时微弱如星光，有时可以照亮整个大地。极光持续的时间也不同，有时转瞬即逝，有时可以持续好几个小时。按照形态特征来分，最为人们熟知的有五大类：第一种是圆弧状的极光弧，它的底部整齐，微微有些弯曲；第二种是飘带状的极光带，具有扭曲的褶皱；第三种是片朵状的极光片，像云朵一般；第四种是帷幕状的极光幔，非常轻柔、均匀；第五种是射线状的极光芒，沿着磁力线方向分布。

阳　阳：只有极地地区可以看到极光吗？

爷　爷：通常来说，极光一般频繁发生于极地地区。前面提到过，南极、北极各有一个磁点，相当于地球的两个磁极，太阳放射出的大量带电微粒在射向地球时，受到这两个磁极的吸引，纷纷向南极、北极地区沉降，当越来越多的带电微粒涌入时，磁力线能量遇到地球内部的磁感抗，大量的能量无法消耗，于是在电离层处形成了极光。但是，在南北半球一些纬度较高的地区，还是有机会可以看到极光的。

阳　阳：极光这么美，它一定是大自然赐给我们人类的礼物吧！

爷　爷：任何事物都有两面性，极光也不例外。虽然极光

给人类带来了无与伦比的美丽景色，但它对人类生活产生的影响也不容忽视。我们刚才说过，极光产生的原因是太阳释放的带电微粒与地球高空大气产生碰撞，实际上，这些微粒在进入地球的磁场时，形成了若干扭曲的磁场，带电微粒的能

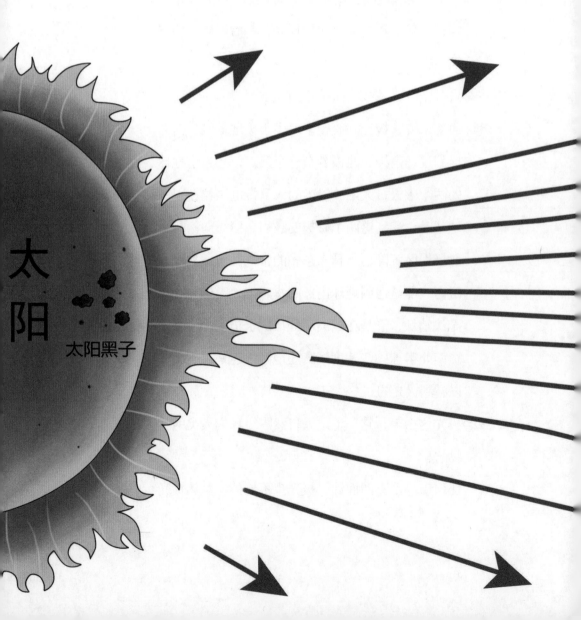

太阳

太阳黑子

量在瞬间释放，科学家称之为"地磁风暴"。它以 650 千米 / 分钟的速度掠过高空，其威力相当于里氏 5.5 级地震。

科　科：太可怕了，但是地磁风暴发生在高空，对我们有什么具体影响呢？

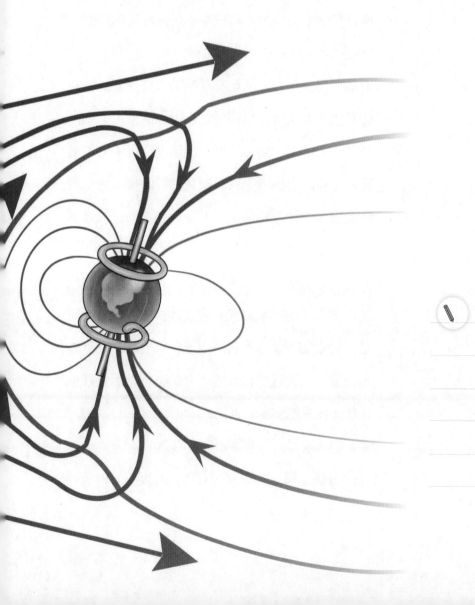

爷　爷：这影响可就大了。比如，它会封锁雷达，干扰军事通信和报警系统；会改变越过极地上空的导弹弹道，导致石油管道腐蚀；甚至会使发射的卫星失去信号。随着国际合作的推进和极地地面观测手段的进步，乃至人造卫星观测工作的开展，关于磁层构造和磁暴的研究正不断取得新的成就。

科　科：所以科学家对极光的研究，不仅只是它的形态，还包括了它背后的影响因素吗？

爷　爷：当然！极光与太阳活动息息相关，当亮度很强的极光频繁发生时，也预示着太阳表面发生了剧烈骚动，太阳黑子增多，射向地球大气层中的带电微粒数也随之剧增。科学家从中可以探索到磁层以及日地空间电磁活动的大量信息，通过极光谱分析来了解带电微粒的来源、种类和能量大小，分析地球磁场与行星磁场间的关系以及太阳的扰乱对于地球的影响方式和程度等。此外，极光还是一种宇宙现象，不只是地球，其他的磁性星体也会发生。通过对极光的研究，也有助于更好地了解太阳系的演变、进化。

阳　阳：那我们国家对极光开展研究了吗？

爷　爷：我国对极地极光的研究进行得比较晚。1994 年 3

月，中国极地研究所与日本国立极地研究所签订了高空大气物理和大气科学的合作协议，中国科技工作者利用日本提供的先进仪器，在中国南极中山站开始了极光观测。相信在不久的将来，中国科学家们一定会进一步揭开极光的神秘面纱。

考考你

太阳放射出的带电微粒和氖气气体分子碰撞发出什么颜色的光？

A. 粉色　　B. 蓝色

C. 绿色　　D. 黄色

3

冰盖下的山与海

爷　爷：那说到南极，你们还能想到什么？

阳　阳：爷爷，我知道我知道！南极有冰山！

科　科：还有冰盖、冰架、海冰呢！

爷　爷：你们两个真聪明，南极大陆95%以上的面积被极厚的冰雪覆盖，所以我们也叫它"白色大陆"。

阳　阳：可哥哥说的冰盖、冰架、海冰都是什么呢？我都糊涂了，它们有什么不一样吗？

爷　爷：冰盖，就是覆盖着广大地区的极厚冰层的陆地，覆盖面积大于5万平方千米。南极大陆就是被这样一大片冰盖覆盖的。

阳　阳：那什么是冰架呀？

爷　爷：冰盖的边缘就是冰架，我们也可以叫它"陆缘冰"。冰架一边和冰盖相连，一边和海水相连，是一层浮动的冰层。南极大陆覆盖着的巨大冰盖从内陆高原向沿海地区滑动，跨过海岸地貌流出的冰川浮在海面上，和大陆上的冰川成为一个连绵的冰原，浮在海面上的冰体就叫冰架。

科 科：冰架和冰盖一旦断裂开，浮动在海面上的部分就
　　　成为冰山啦。

爷 爷：是的，南极冰山的长度从几百米到几万米不等。
　　　刚刚从冰架上断裂形成的冰山一般都是平台状
　　　的，顶部平坦，有的甚至可以停靠飞机。这些冰
　　　山会在风和海水的推动下，进一步分裂、翻转、
　　　坍塌形成各种各样的小冰山，有的像古城墙，
　　　有的像青色的城门，最后飘向温暖的海域，直至
　　　消融。

科 科：可是爷爷，我听说这些冰山潜藏在水下的部分要
　　　比水上大得多。

爷 爷：没错！一般来说，冰山水下部分的体积是水上体
　　　积的 6~7 倍！这也是冰山会对在海面上航行的船
　　　只产生威胁的原因。冰山的水下部分不仅有庞大
　　　的体积，而且还有很多尖锐的边缘，如果船只太
　　　靠近冰山，就很可能酿成大祸。我们眼里美轮美
　　　奂的冰山，对那些前往南极的科考队来说却是很
　　　可怕的"敌人"。

阳 阳：那怎么办啊？

爷 爷：别担心，阳阳。在冰山附近航行的船只，只要与
　　　冰山保持较远的距离，并且启动水下探测装置，

监测冰山在水面下的分布情况，小心翼翼地躲开冰山坚硬而庞大的水下部分就没问题了！

阳　阳：那什么是海冰呢？

爷　爷：顾名思义，海冰就是在海洋表面的冰，不仅包括海水冻结的冰，也有来自湖泊、冰山、冰架上掉落的冰，因为漂浮在海上，所以又可以称之为"浮冰"。这些浮冰在南极大陆的外围海域，连绵成片，影响着我们地球每一个角落的气候变化。所以南极海冰对全球气候的影响至关重要，科学家也普

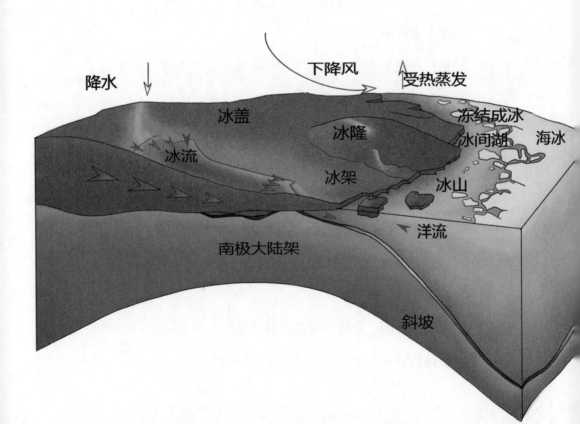

遍认为南极海冰是全球大气和海洋环流变异的天然预警平台。

科科：这些海冰不是很容易消融吗？怎么会影响我们的气候呢？

爷爷：海冰可以反射大部分的太阳辐射，它的存在减少了海洋向大气的热量输送，一方面减少了海洋的蒸发失热，另一方面又使得海洋和大气之间的热交换强度降低。而地球气候变暖，海冰面积减少，其反射的太阳辐射也会减少，地球就会接收到更多的太阳热能，加速变暖趋势，所以海冰的异常对气候系统会产生巨大影响。

阳阳：南极有这么多的冰，那是不是没有河流湖泊啊？

科科：当然有啦，阳阳。南极不仅有湖泊，还有很多奇特的湖泊呢，有世界上含盐量第二多的湖，还有暖水湖、冰下湖。

爷爷：是的。南极有很多大大小小的湖泊，科科说的世界上含盐量第二多的湖叫"唐胡安池"，于1961年首次被发现，湖中的盐度高达40.2%，仅次于埃塞俄比亚的达纳基尔洼地。并且由于它的盐度较高，降低了水的凝固点，所以即便是在南极，也很少结冰。

阳 阳：冰下湖是什么样子的？

爷 爷：冰下湖就是在冰盖下面形成的湖泊，南极有着世界上最大的冰下湖——"东方湖"，它位于冰层表面之下 4000 米处。

科 科：冰层以下应该是零下几十摄氏度的温度啊，为什么没有冻成冰呢？

爷 爷：这正是冰下湖的神奇之处！东方湖的平均水温为 –3 ℃，皆为未冻结的淡水。科学家对产生这种现象的原因给出了三种解释：一是来自地心的热力使湖底的温度上升，进而使水维持液态；二是厚重冰层造成的巨大压力使水的凝固点下降；三是厚实的冰层使湖水与南极地表寒冷的空气隔离。但究竟是这几个方面同时作用，还是有先有后、有主有从都还是个谜。希望你们长大以后能好好研究。

阳 阳：那南极怎么还有暖水湖呢？

爷 爷：南极的暖水湖叫"范达湖"，多在冬季出现，但有时却又忽隐忽现。范达湖中深度越深，水温越高，而且湖水上淡下咸，表面覆盖着一层 2~3 米厚的冰。在 4 米厚的冰层下，水温在 0 ℃左右；15~16 米深处水温升到了 7.7 ℃；而到了 40 米以

2~3 米厚的冰
4 米冰层
0 ℃ 水温

15~16 米
7.7 ℃ 水温

40 米
50 米
68.8 米
25 ℃ 水温

下，水温缓慢升高；至 50 米深处时，升高的幅度突然加剧；在 68.8 米的湖底，水温高达 25 ℃。

科　科：这真的太神奇了！为什么会有这种奇异的现象呢？

爷　爷：科学家们自然很想知道原因，因此也做过很多的科学研究。目前来说有两种猜测，一种是"太阳辐射说"，认为太阳辐射是主要原因。范达湖的湖面接收的夏天的太阳辐射的能量比较多，因此到了冬天，湖面结冰，含盐量就会增加，水的密度也随之变大。

所以才导致温暖的表层水下沉，使底层水温升高。

科科：这听起来挺有道理的！

爷爷：但是另一些人提出"地热说"，认为地热活动是范达湖水温高的主要原因。范达湖附近有两座活火山，岩浆活动得很剧烈，从而产生高地热。而受这种高地热的影响，范达湖的水温就会出现上冷下热的现象。

科科：那到底是因为什么才产生这种现象的呢？

爷爷：哈哈，科学家们提出的这些都是猜测，没有找到令人信服的证据，所以暖水湖的成因，也成了一个谜团，等着你们去解开呢！

考考你

将南极冰按形成的顺序进行排序，下列哪项正确？

A. 冰盖—冰架—海冰—冰山

B. 冰架—冰盖—海冰—冰山

C. 冰盖—冰架—冰山—海冰

D. 冰架—冰盖—冰山—海冰

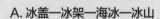

4

神奇的"白色沙漠"

爷 爷: 既然你们知道南极有冰有雪还有湖,那我来考考你们,南极的气候是偏干旱,还是偏潮湿呢?

阳 阳: 南极有这么多的冰雪,那气候肯定潮湿啊,这可难不倒我!

科 科: 阳阳,那可不一定哦,我认为南极还是比较干旱的。

爷 爷: 科科说得没错!南极有"白色沙漠"之称,整个南极大陆平均积雪量是 15 克 / 厘米^2,相当于 150 毫米的降水量,是上海平均降水量(1500 毫米)的 1/10。另外,5 克 / 厘米^2 的积雪量相当于降水量 50 毫米,在南极内陆中有 200 万平方千米地区的积雪量在 5 克 / 厘米^2 以下,而在世界最大的撒哈拉沙漠中,年降水量在 50 毫米以下的地区有 600 万平方千米,在戈壁沙漠约有 150 万平方千米。

科　科：南极大陆的降水量都快跟沙漠差不多了，怪不得被称为"白色沙漠"呢！

阳　阳：啊？为什么南极这么多冰雪反而是"沙漠"呢？

爷　爷：南极也并不是都被称为"沙漠"。南极大陆沿岸地区的气温就比较温和，降水量也很多，但是南极内陆的降水几乎都是以雪的形式降落下来的，雪花有时还因风大被吹离降雪的地方，而且因为南极温度低，海洋水蒸气也很难进入内陆，所以整体就形成了南极大陆这种干燥、寒冷的"白色沙漠"。

阳　阳：南极这么冷，那和北极比，哪个更冷一些呢？

科　科：南极比北极冷。南极沿海地区的年平均气温为 −20~−17 ℃，内陆地区的年平均温度则在 −50~−40 ℃，这可比北极温度还要低 20 ℃左右。

爷　爷：科科，知道为什么吗？

科　科：不知道……爷爷，这是为什么呢？

爷　爷：南极比北极冷的主要原因是南极的热量入不敷出。虽然我们所处的地球在椭圆形轨道上运行，夏季时南极点离太阳最近，在仲夏时节，南极点接收到的太阳辐射甚至比赤道接收到的辐射还要强烈。但是，来自太阳的辐射一部分被南极大陆上

-20 ℃

-17 ℃

南极沿海地区的
年平均气温

南极内陆地区的
年平均气温

-50 ℃

-40 ℃

空的大气所吸收，一部分被云层反射，能到达地面的大部分热辐射又被覆盖大陆的冰雪反射回太空。而且南北极的海陆分布不同，南极洲是海洋包围着大陆，而北极区则是大陆包围着海洋，陆地吸收热量的能力比海洋大得多；南极大陆表面覆盖着的冰盖，几乎将夏季接收的太阳辐射全部反射，而北冰洋海冰表面的反射比小，依靠辐射能使地表温度升高。

科　科：南极的气候真是恶劣，又冷又干燥。

阳　阳：那南极有风吗？

爷　爷：南极有风啊，风还特别大呢，因此南极也被称为"风极"，是地球上风暴最频繁、风力最大的大陆，对我们来说极为罕见的 12 级以上的风暴在南极是家常便饭。南极大陆沿海地带的风速最大，平均风速 17~18 米／秒。南极的风主要与南极大陆的地形有关。南极大陆冰盖中心高原与四周沿岸地区之间呈陡坡地形，内陆高原的空气遇冷收缩，密度增大，变成又冷又重的冷气流从冰盖高原沿着冰面陡坡向四周急剧下滑，到了沿海地带，地势骤然下降，使冷气流下滑速度加快，于是便形成了具有强大破坏力的下降风。此外，由于受地球自转的影响，向北流动的气流总是向左偏转，于是在大陆沿海地带便形成了偏东大风。

科 科：雾呢？南极会像我们这里一样出现雾吗？

爷 爷：南极也是有雾的，不同的是南极的雾由北方来的热气团形成，它最常出现在浮冰边缘区的春夏季节，并常常伴随着降雨或降雪。在开阔的海面上雾稍多，沿岸区则较少。总的来说，由于在漂浮冰边缘和南极辐合带，南极的冷水与亚热带的暖水会交汇，所以那里雾的出现频率较高，延续时间也较长。

阳 阳：南极气候真差，一点都不友好。

爷 爷：别看南极的气候条件对我们人类来说极差，但不管是对南极本身还是对地球来说它都是非常重要的。

科 科：咦？哪里重要了？

爷 爷：环南极大陆的南大洋水域开阔，有着极为著名的"西风带"，被南极科考队员称为"魔鬼西风带"。在这种强劲西风控制下，形成了世界上最强劲的洋流"西风漂流"。该区域没有大陆阻隔，海水流速极快，洋面风浪较大，行船危险系数非常高。但正是这片区域以 10^6 米^3/ 秒的流量运移海水绕

南极大陆运动，有效阻止了南大洋暖水团的南侵。强烈的西风带犹如一道不可逾越的屏障，屏蔽了来自南大洋的暖流，也隔绝了南极大陆的低温酷寒向外输出，当然也确保了南极冰雪大陆的自然体系。

科 科：嗯！爷爷，我明白了！

考考你

为什么南极会被称为"白色沙漠"？

A. 因为南极没有人去

B. 因为南极被开发了，受到了污染

C. 因为南极气温低，雨水大多以雪的形式降落且年降水量很少

D. 因为南极和撒哈拉沙漠一样，布满了沙子

2

富饶的南方大陆:
南极地区独特的矿产和生物

电视里正在播放着纪录片《动物世界》。南大洋环绕着南极洲，在特殊的生态环境里，生活着各种各样的生物：数量繁多的磷虾、憨态可掬的企鹅、体态优美的海豹等。科科、阳阳兄弟俩目不暇接，爷爷见状，放下手中的报纸，对正在出神的两兄弟说："南极地区不仅有丰富的淡水资源，还蕴藏着大量的矿产和陨石，当然了，这里还有很多南极特有的生物。"阳阳不解地问："爷爷，您昨天才说过，南极地区气候十分恶劣，那怎么会有这么多可爱的动物呢？"爷爷笑着说："南极曾经也是个气候温和、草木茂盛的大陆，后来因为气候变化被冰川覆盖，绝大多数动植物相继灭亡，剩下的这些，为了适应环境，自身的形态都进行了演化。"阳阳恍然大悟。

1

丰富的矿产资源

爷　爷：前面我们说过，爱尔兰人沙克尔顿率领的探险队为了寻找南极磁点的位置，踏上了向南极出发的征程。在寻找南极磁的过程中，探险队发现了植物化石和煤。这也意味着，南极大陆内部并非一直极端严寒，它曾经历过草木丰茂的温暖气候。

科　科：那南极为什么变成了现在的样子呢？

爷　爷：南极洲原为冈瓦纳古陆的一部分，大约在 2.5 亿年前，古南极洲大陆和现在的大洋洲是连在一起的。当时，这里的气候温暖湿润，草木茂盛。然而，大约在 1.5 亿年前，冈瓦纳古陆开始分裂。7000万年前，南美、非洲、印度、南极洲和澳大利亚大陆开始分离。5000 万年前，南极洲和澳大利亚大陆进一步分离，南极洲大陆逐渐向南漂移直至极地。由于这里纬度高，太阳光终年无法直射，气温降低，降雪难以融化，冰川开始发育。3000万年前，南极大陆被冰川覆盖，大陆上的生物逐渐灭绝。大约250万年前，南极变成了现在的样子。

科　科：原来是这样，那南极的矿产是怎么形成的呢？

爷　爷：早期科学家提出了板块漂移的假说，并据此猜测，南极大陆蕴藏着丰富的矿产。根据地质结构判断，西毛德皇后地很可能是南非威特沃特金矿矿床的延伸，南美富含铜的安第斯山脉应跨越斯科舍岛弧与南极半岛的埃尔斯沃斯地相连，布满冰盖的威尔克斯地区也可能与产金的绿石带和产铂的西

南澳大利亚相连。后来的调查与探测也证实了这些猜测，南极确实存在着数量可观的金属资源和其他矿产资源，比如煤、铁、石油、金、银、铜、铅、锰、锌等。

阳　阳：南极有这么多的矿产资源，如果能被我们利用，

那该多好啊！

爷 爷：南极虽然矿产资源丰富，但是近年来的调查表明，其开发的难度和运输成本远高于它的价值。就拿煤矿来说吧，南极的横断山脉和查尔斯王子山脉确实储存着丰富的煤矿资源，曾有国家聘用评估公司对横断山脉的煤矿进行过调查评估，结果发现这个地方的煤含水量大、灰质含量较高，煤质差，储存煤的矿层也很薄且分散。查尔斯王子山脉的煤虽然质量较好，但目前地球上还有很多成色好、便于开发的煤矿暂未开发，且相比在南极开采煤矿而言，成本要低得多。

阳 阳：可是爷爷，您刚刚还说南极地区除了煤以外还有石油、天然气等矿产资源啊！

爷 爷：的确是这样。20 世纪 70 年代，由于中东汽油价格暴涨和南极罗斯海陆架区油气的发现，南极的油气资源成为了当时的热点话题。据探明，南极地区的石油储量为 500 亿~1000 亿桶，天然气储量为 30000 亿~50000 亿立方米，南极的罗斯海、威德尔海和别林斯高晋海以及南极大陆架均是油田和天然气的主要产地。但是，和煤一样，有权威的勘探机构进行过评估，认为在南极每开发一桶石油的成本大约为 100 美元。显然，在当前的国际油价下，去南极开发石油很难获利。

科　科：除了矿产，其他的金属资源储量怎么样呢？

爷　爷：金属资源的开采前景和矿产差不多。曾有国家派人对南极地区进行过航空测磁。结果表明，查尔斯王子山脉南部的鲁克尔山北部地区，埋藏着规模可观的铁矿，长度为 120~180 千米，宽度为 5~10 千米，厚度为 70 米。但是，就目前的探测发现，南极铁矿的平均品相仅有 35%，最富也只有 58%，这还达不到铁矿开发中铁含量 60% 的标准。其他金属资源开采成本也很高，所以目前调查也没有深入进行。

科　科：南极有这么多的资源，它究竟属于哪些国家呢？

爷　爷：这是个历史久远的问题。从 19 世纪 20 年代到 20 世纪 40 年代，英国、新西兰、澳大利亚、法国、挪威、智利、阿根廷等 7 个国家的政府先后正式对南极洲的部分地区提出主权要求。为了解决领土纷争，1959 年 12 月 1 日，苏联、美国、英国、法国、新西兰、澳大利亚、挪威、比利时、日本、阿根廷、智利和南非等 12 个国家签署通过了《南极条约》。该条约于 1961 年 6 月 23 日起生效，它冻结了各国的领土主权要求，规定南极只用于和平目的，不允许在南极圈内开展探测资源的活动。关于南极的矿产资源，各条约协商国在权衡资源开采和保护南极环境的利弊后，于 1991 年在马德里签订了《关于环境保护的南极条约议定书》。这份议定书把禁止开展南极矿产资源活动又延长了 50 年，直至 2041 年。

阳　阳：那如果到 2041 年，这份议定书到期了该怎么办呢？

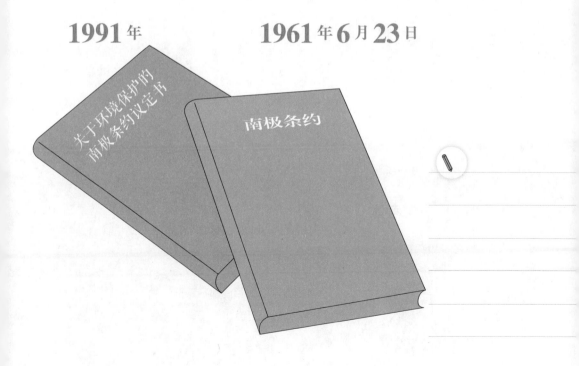

1991 年　　　　1961 年 6 月 23 日

爷 爷: 这个问题问得好，这也是目前一个潜在的忧患，英国和阿根廷就曾在马尔维纳斯群岛发生过战争，由此可知南极矿产资源的开发将会给世界带来不稳定因素，在重新审议《关于环境保护的南极条约议定书》时也肯定会引发资源开发和环境保护的再度争论。如果南极资源进入开发阶段，那么相当于再次引发南极领土主权的纷争，到时候，场面将难以控制。所以，这一切都要等你们这一辈成长起来，加入保护南极的行动中去，为保护南极地区的和平贡献自己的力量了。

科 科: 爷爷，我们会努力的！

阳 阳: 对！

考考你

南极的资源属于哪个国家？

A. 中国　B. 美国

C. 英国　D. 目前都不属于

2
遥远的天外来客

爷 爷：前面我们说过，南极地区还有数量可观的陨石，这也是非常宝贵的科考资料。

阳 阳：陨石？这和科考有什么关系呢？

爷 爷：科学家可以从流星中寻找生命的起源，坠落地面的流星残骸被称为陨石。陨石从星际空间坠落到地球以前，途中经常受到太阳风和宇宙射线的轰击，它们相互碰撞后，也在陨石上留下了宇宙空间辐射线和粒子辐射通量的信息。南极陨石涵盖已发现陨石的全部种类，分析这些陨石，即可测定陨石的宇宙射线暴露年龄和陨石落地后的地球年龄，也可以检测行星际空间宇宙射线和太阳风的强度。科学家也可以由此了解宇宙演变的情况，甚至还可以考察大家最为好奇的问题，例如宇宙中是否有外星人的存在！

科 科：科学家如何通过陨石来开展研究呢？

爷 爷：对陨石的研究各个领域都有自己特殊的方式。比如，在宇宙化学领域，因为陨石是最古老的星际

岩石，所以该领域的科学家们的主要任务是确定太阳系内固体物质的演化年代。地球上最古老的岩石年龄大约是 38 亿年，而多数陨石的结晶年龄平均达 45 亿年，接近于太阳系行星形成的年龄，这对于确定太阳系内固体物质的演化年代更有效。陨石的主要成分是铁、镍、硅酸盐，依据成分间所占比例分为铁陨石、石铁陨石、石陨石。陨石中的组成元素同属地球上已知的化学元素，部分陨石中存在水和多种有机物，有科学家推测地球上的生命可能是由陨石将生命的种子传播到

地球上的。如果这一假设成立，南极陨石更有代表性，因为陨石坠落南极后，长期处于冷冻无菌的冰雪中，几乎不受地球上其他物质的污染。和其他非南极地区的陨石相比，它们是最原始的天外来客，更有利于太阳系内外星体是否存在生命体的具体研究。

阳　阳：科学家们不是可以坐宇宙飞船去研究外太空吗？为什么还要研究南极陨石呢？

爷　爷：相比发射空间探索器到太空，在南极收集陨石是一种相对省钱又省力的办法，比如阿波罗宇宙飞船登月耗费了数百亿巨资，也仅能从月球正面采集样品，而在南极大陆发现的9块月球陨石中，却有8块来自月球背面。同样，相比月球，去火星采样无论是从技术还是从资金角度，对任何国家来说都是一个巨大的挑战，但是在已经发现的南极陨石中，就有两块珍贵的陨石来自火星，它们可以为研究火星的演变、探索火星上是否存在生命提供实物证据。所以说，科学家在南极收集陨石，无异于以物美价廉的方式采集地球外太空的样品。

阳　阳：既然南极有那么多陨石，科学家是不是只要在那里直接捡就可以了呢？

爷　爷：在南极收集陨石的

过程充满了危险

和艰辛。南极地区天

气恶劣，陨石聚集的山脉附近密布着冰裂隙，冰

裂隙通常隐藏在积雪下，不经探测就和普通地带

的雪面毫无差别。科考人员装载着科考仪器与物

资设备经过时，可能会遭遇冰裂隙崩裂。除此之

外，每当风雪来临时，低空冰晶雪雾将光线完全

散射，可能会使人产生雪盲，失去方向感，非常

危险。

阳　阳：在南极工作的科学家们真是太勇敢了！

科　科：是啊！爷爷，我还有一个问题，南极的陨石最初

是怎么被发现的呢？

爷　爷：这就说来话长了！ 1921 年，澳大利亚探险队第

一次在南极大陆发现了陨石，但是此后的 48 年

里，来自世界各地的科考队员们仅仅在南极收集

到 4 块陨石，直到 1969 年日本南极科考队在大

和山区蓝色冰川地表同时发现了 9 块陨石。此后

10 年间，仅在这一区域，日本科考队员共收集到

520 块陨石。到 1989 年底，科学家们已经在南极

大陆收集到 11000 多块陨石。随着越来越多的南极陨石被发现，南极大陆成为世界科学家公认的陨石富集区域。

阳　阳：南极为什么会成为陨石富集区域呢？

爷　爷：陨石从外太空来到地球，如果坠落到人类居住区，容易受风化影响，难以长久保存，大多只有数千年的寿命，而南极陨石的年龄一般可长达 95 万年。一方面，南极气候寒冷，陨石坠落在南极后常常钻入冰面下方，保存较好；另一方面，由于南极大陆往往是纯白的冰面，黑褐色的陨石随着冰川流动，逐渐露出地面后很容易被发现。

科　科：爷爷，您刚刚说了很多别的国家收集南极陨石的故事，那中国的呢？

爷　爷：说到中国的南极陨石收集，就不得不提到一个地方，在距离中山站 380 千米，通往冰穹 A 地区的路途中有一块硕大的蓝冰区域——南极格罗夫山地区，这是中国科学家在南极寻找陨石的主要场所。1998 年，在中国第 15 次南极考察期间，一支 4 人小分队成功穿越格罗夫山地区，首次收集到 4 块南极陨石，此后中国科考队又先后多次抵达这里。2010 年 1 月 8 日，中国南极科考队进行第 26 次科考时，在格罗夫山地区收集到 292 块陨石，至此中国的南极陨石拥有量超过 1 万块。2013 年第 30 次南极考察时，我国科考队员还发现了一块珍贵的重达 1300 克的灶神星陨石。

阳　阳：除了格罗夫山地区，南极还有哪些地方存在陨石呢？

爷　爷：南极大陆的大部分地区被平均厚度达 2300 米的冰雪覆盖，只有沿岸的部分地区和高耸的山脉周围存在着大面积裸露的冰面，那便是发现陨石的主要场所。比如，日本调查队就在大和山脉周围收集到大量的陨石，美国的主要陨石调查队集中在南极横断山周围。

考考你

中国科考队员在南极的哪个地区收集到大量陨石？

A. 格罗夫山地区　　B. 横断山区

C. 大和山脉地区　　D. 冰穹 A 地区

3

南大洋的食物链

阳　阳：爷爷，南极有植物吗？

爷　爷：我们前面提到过南极曾经是个气候温和、草木茂盛的大陆，但后来由于南极冰盖的逐渐形成，绝大多数动植物相继灭绝。再加上气候严寒、干燥、风大、日照少，营养缺乏和生长季节短等诸多因素，严重地限制了陆地植物的生长，因而南极洲植物稀少。这里没有树木、花卉，多为地衣、苔藓、藻类。

阳　阳：地衣？爷爷，地衣是什么呀？

爷　爷：实际上，地衣也不是植物，只是看起来很像植物。它是一类由特殊的专化型真菌（也称"地衣型真菌"）与藻类或蓝细菌（也称"地衣共生藻"）共生而成的有机体。

科　科：那地衣为什么可以在南极这样的严寒地方存活呢？

爷　爷：地衣是一种变水生物。在自然条件有所改变时，地衣会迅速改变细胞内水分含量，同时相应地改变呼吸或光合作用等的生理反应，抵御不利环境

造成的损伤。而且这种共生有机体中，地衣共生藻可进行光合作用，为自己和真菌提供生长必需的碳水化合物；而地衣型真菌通过形成特定的结构将共生藻包裹在地衣体内部，为共生藻提供一个保护性环境，避免其受到强烈辐射以及干旱等恶劣条件的影响。

阳　阳：哇，地衣听起来好厉害呀！在这样恶劣的环境中都可以生存。

爷　爷：是啊，正因为地衣有如此旺盛的生命力，所以南极地衣很可能是地球上仍保持生命活动的最古老的植物之一。在我国南极科考站长城站所在的乔治王岛上，大约分布着 100 种地衣。当夏季地面冰雪消融后，便可看到陆地的大部分区域都被地衣所覆盖，这些地衣呈绿色，远远望去，似乎是一片片草场。

科　科：地衣是地球上最古老的植物之一，那我们是不是可以从地衣中找到很久之前的痕迹呢？

爷　爷：是啊！正因为地衣的这种特征，我们可以用它来估算冰川的年龄，还可以用它来推断全球气候变化对环境的影响。不仅如此，作为生活在地球上最严酷环境中的先锋生物，地衣承载着改建太阳

系其他行星或卫星的大气与土壤系统，从而最终
实现外星移民的历史使命。为了实现这个目标，
我们首先需要充分了解南北极地衣的生活特性，
然后通过包括分子生物学技术在内的多种科学手
段对其进行改造，使其可以登陆其他星球来重建
类似地球的生态系统。这是一个长期、浩大的工
程，可能需要几代人的努力才能够实现。未来还
得看你们啊！

阳 阳：外星移民？这么不起眼的地衣作用竟然这么大
啊！爷爷，那南极还有其他植物吗？

爷 爷：南极还有苔藓呢，但是苔藓的生长比地衣需要更
多的水分，因此，南极的苔藓种类没有地衣多，
分布也没有地衣广。它分布在相对温暖的沿海区
域，以及能依靠冰雪融化提供充沛水源的区域，
主要营养来源于鸟粪和岩石的风化物。苔藓没有

地衣那么顽强的生命力，它只有在地衣将岩石表面分解而形成薄薄的土壤后才能在其上面生长。

科 科：南极的植物好少啊，不过南极的动物还是很多的，对吧，爷爷？

爷 爷：是啊，但相比于南极大陆贫乏的生物种类，南大洋的生物资源异常丰富。南大洋中存在一个稳定的食物链，可简单表示为以磷虾为核心的南极生物链（浮游植物—浮游动物—磷虾—鱼类、鱿鱼—企鹅—海豹—鲸）。南大洋食物链的最初环节是浮游植物，其中最主要的就是硅藻。浮游植物通过光合作用，把自然界中的二氧化碳和水合成糖类等有机物，也就是太阳能被转化为化学能，贮存在有机物中。初级消费者就以这些浮游植物为食，而另外的一些次级消费者则以初级消费者为食，这就形成一条"吃与被吃"的食物链。你们最熟悉的南极动物是什么？

阳 阳：是企鹅！

爷 爷：那你们知道企鹅都吃什么吗？

阳 阳：我知道，吃小鱼！

爷 爷：小鱼又吃什么？

阳 阳：吃……吃饲料！

浮游生物

齿鲸（虎鲸等）

企鹅

须鲸（蓝鲸、座头鲸等）

南极磷虾

鱼类

海豹

鱿鱼

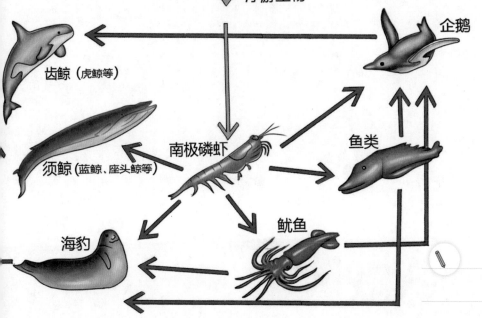

爷　爷：哈哈，阳阳，你说的那是家里养的鱼，南极的鱼吃的可不是饲料。它们吃的是一种独特的食物——磷虾。

阳　阳：磷虾？和我们平时吃的虾有什么不一样吗？

爷　爷：磷虾，外形非常像我们平时常见的小虾，身体半

透明，因而肉眼就能见到它头部浅绿色或墨绿色的胃囊。磷虾体内长有微红色的球状发光器，每当夜晚降临时，就能见到它所发出的蓝绿色磷光，所以被称为磷虾。

科　科：爷爷，这个磷虾是不是很不一样？

爷　爷：之所以要提到磷虾，是因为它对南极生态圈来说非常重要。磷虾通常身长只有6厘米，生命期为5~6年，分布广泛，储量异常丰富，是南大洋食物链中至关重要的一环，因为南大洋中的须鲸、食蟹海豹和阿德利企鹅都是其主要捕食者，鱼类、鱿鱼也是其直接捕食者。如果缺少了这一环，将对整个南大洋食物链造成严重影响。

阳　阳：那磷虾数量多吗？

爷　爷：整体来说，磷虾的数量还是很可观的，南极地区有大量的渔业资源，磷虾资源尤为丰富。相关科考数据显示，南大洋有磷虾数十亿吨。

阳　阳：哇，有这么多应该不用担心啦！

科　科：阳阳，不能光看数量，我们得看生物的生命周期，如果生命周期过长的话，这个生物积累也需要很长时间，人类不仅不能过度捕捞，而且还需要对其进行保护。

爷　爷：所以科学家也非常关心磷虾的生命周期。一般来说，南极磷虾广泛分布于南大洋 100 米左右深度冰冷的水层中。成年磷虾在每年 10 月、11 月交配，每只雌虾在夏季产卵多次，每次产卵多达数千粒。这些虾卵一旦脱离母体，就不断下沉。而且是边下沉边孵化，一直下沉到数百米，甚至 2000 多米深的海域，才孵化幼体。幼体在发育初期靠卵内储存的卵黄作为营养来源，且不断上浮，边上浮边发育，当卵黄耗尽之时，它也几乎到达了海水表层，这时它已经开始在表层觅食了。

科　科：那科学家怎么判断磷虾的年龄呢？

爷　爷：在一般情况下，我们可以根据动物的体积大小或身体长短来判断其年龄。但是，由于南极磷虾生活在黑暗、寒冷的南大洋里，它们必须面对食物稀缺的南极冬季。实验室研究结果显示，南极磷虾在没有任何食物供给的情况下能存活 200 多天。它们的体内无法储存过多的脂肪，因而在找不到食物时，只能靠消耗体内的蛋白质来维持生命，身体则会逐渐变小。这一奇特的现象使得人们无法根据它的体积大小或身体长短来判断其年龄，这一直是研究南极磷虾的大难题。

阳　阳：啊？那怎么办？

爷　爷：放心，现在已经有解决办法啦！我国科学家首次提出通过观察磷虾复眼晶体的多少来判断其年龄。虽然南极磷虾在缺乏食物供应时，能够在脱壳后缩减体形以适应环境，但是它们的眼睛不会缩减。因此，磷虾复眼晶体的多少可以作为参考。

科　科：科学家们好厉害啊！

考考你

怎么判断南极磷虾的年龄？

A. 磷虾的长度　　B. 磷虾的虾尾

C. 磷虾的复眼　　D. 磷虾的颜色

4
企鹅与海豹的故事

爷　爷：阳阳喜欢企鹅吗？

阳　阳：喜欢！企鹅走路
一扭一扭的，特别可爱！

爷　爷：那你知道企鹅为
什么叫企鹅吗？

阳　阳：不知道……

科　科：我听说是因为当
初人们登上南极大陆时，发现这种鸟类很像鹅，
而且站在大陆上向远处凝视，很像在企求什么，
所以称之为"企鹅"。

爷　爷：没错。如果把企鹅按照体型划分，那最大的企鹅
是帝企鹅，其次是王企鹅、金图企鹅、阿德利企
鹅、帽带企鹅、跳岩企鹅和麦克罗尼企鹅。其中，
只有帝企鹅和阿德利企鹅生活在南纬 60° 以南的
地区。

阳　阳：好难分清啊，我看都是一样的！

爷　爷：哈哈，其实不同的企鹅是有些许差异的，就像世
界上有不同肤色的人种一样。企鹅是南极大陆最
有代表性的动物，它们是 0.5 亿~0.6 亿年前由海
鸟进化而来的。为适应南极严寒的气候，企鹅的
形态基本一致，演变成了流线型身躯，头小、脖

子短、腿短、尾巴短，有助于减少体内热量的散失。它们的翅膀已经失去了飞翔功能，在水中只起到桨的作用。它身上重重叠叠的羽毛具有极强的防水、防风能力，羽毛下的绒毛具有极好的保温性，此外其体内厚厚的脂肪在其皮肤与肌体间构筑了一道隔离层，使其能够抵御寒冷，保持体温。

阳 阳： 在动物园，企鹅胖胖的，走起路来慢吞吞地，要是碰到危险怎么办呢？

科 科： 企鹅在陆地上一般危险较小，它们都是群居性动物，能起到很好的保护作用，但是还需要注意贼鸥等鸟类会偷食企鹅蛋或伤害幼企鹅。企鹅主要的天敌还是水中的海豹和虎鲸，但在水中，企鹅遇险时能够急速下潜，游速可达 25~30 千米 / 时，一天可游 160 千米。

爷 爷： 别看企鹅走路慢，它们可是游泳高手呢。阳阳平时看得比较多的企鹅应该是帝企鹅，这是企鹅家族中个体最大的物种，一般身高在 90 厘米以上，最大可达到 120 厘米，体重可达 50 千克，比阳阳你还重！

阳 阳： 帝企鹅？

科 科： 对啊，就是脖子底下有一片橙黄色羽毛，颈部为

淡黄色，耳朵的羽毛为鲜黄橘色，鸟喙的下方是鲜橘色，腹部是白色，其他部位都是黑色的那种企鹅。

爷 爷：最特殊的是，帝企鹅是唯一一种在南极洲的冬季进行繁殖的企鹅。它们在南极寒冷的冬季繁殖后代，产卵、孵化，整个繁育过程都是在冰盖上完成的。雌企鹅每次产 1 枚蛋，交给雄企鹅孵蛋后，雌企鹅返回大海觅食。雄帝企鹅双腿和腹部下方之间有一块布满血管的紫色皮肤的育儿袋，哪怕外界环境温度低至 -40℃，育儿袋内仍能保持 36℃的舒适环境。雄企鹅在 9 个星期的孵化过程中不能下海觅食，所以体重会下降三分之二。雌企鹅在 8 月觅食归来，刚好幼鸟行将出壳，雌企鹅接替雄企鹅继续孵化，而雄企鹅则要行进上百千米下海觅食。幼鸟出壳后仍然要在"育儿袋"中生活一段时间，直到它能调节自身的体温时才离开"育儿袋"。

科 科：如何研究企鹅对南极环境的影响呢？

爷 爷：科学家也曾面临这个问题。生态学家从废弃的企鹅巢穴中寻找到残存的骨片，进行碳 -14 定年，根据测定结果来确定历史时期某地是否有企鹅生

活。但由于有限的实际检测水平，以及人类活动在自然过程中的不确定因素，仅仅根据几十年的数据难以给出符合实际的结论。要想准确回答这些问题，就必须了解过去几百年、几千年，在没有人类干预的情况下南极企鹅的生活历史及当时的气候状况。然而，检测空间环境、地理环境等都很难探寻到企鹅的演变历史，而这种演变历史正是考察过去全球气候变化的关键。后来，我国科学家发现通过企鹅有机体中的物质组成，可以证明近 200 年来人类的活动影响着整个地球。

阳 阳：爷爷，这是怎么分析出来的呢？

爷 爷：我国科学家在南极找到了一段可供分析研究的企鹅粪土堆积层，通过分析发现，企鹅的排泄物中氟和磷是主要的特别组成元素。企鹅作为载体，将海洋食物中的元素转移到粪便中，进而进入沉积土层。在对企鹅粪和苔草进行有机质同位素检测时也查明企鹅粪是沉积物的主要来源。对于地球来说，南极是一个开放体系，污染物可以通过大气和海洋流体系统、食物链传输等进入南极。随着人类工业化的发展，距南极万里之遥的人类活动，包括对磷虾、海豹等生物的捕捞，都会影响企鹅的生存条件，更会改变南极的生态平衡。

科　科：为什么通过企鹅粪土层就可以分析出这么多内容呢？

爷　爷：一开始，在没做实验之前，科学家也无法确信这是否可行。在传统意义上，动物学家可以通过粪便在单位面积上的数量，推测出某种动物种群的数量。因此，我国科学家猜想可以通过这种办法测量出企鹅种群数量的相对变化，从而得出历史上企鹅种群数量的波动过程。事实证明，这的确可行。科学家发现企鹅数量增加与气候变暖相关联，在温度的高峰期，企鹅数量呈下降趋势。受企鹅粪土的研究启发，我国科学家又相继从海豹粪土、海豹毛等中发现了南极几千年来的海豹数量变化及其与冰盖进退、环境变化之间的关系。

科　科：爷爷，科学家是怎么通过海豹毛发现海豹和南极气候变化之间的关系的呢？

爷　爷：由于毛发角质层自身的结构特性，加上南极特殊的环境条件，海豹毛在南极历史环境研究中，具有特殊的生态环境指示意义。我国科学家在南极乔治王岛的一块保存完好、具有连续时间累积的海豹毛和海豹粪土中，以 0.5 厘米为间隔，搜集

到了 36 万根海豹毛，在海豹毛中寻找铅、铜、砷、镉、锌五种重金属的变化规律。你们想知道发现了什么吗？

阳　阳：爷爷，您快告诉我们吧！

爷　爷：科学家利用稳定同位素的方法检测海豹毛中的同位素组成，以反映海豹食谱变化，而这种食谱变化就是由气候变化引起的生物资源变化。研究表明，海豹毛中的汞含量在公元 18~300 年间出现了第一个峰值，这时正值罗马帝国时期，为满足提炼金银的要求，人们开始火法冶炼辰砂制汞，此时中国汉朝的黄金生产也正处于鼎盛期，同时炼丹术也开始在东西方流行；随后的公元 300~450 年间，海豹毛的汞含量大大降低，也与汉朝之后中国金银产量下降以及古罗马的衰落相一致。生产力上升时期，汞污染加剧；生产力下降时期汞

污染降低。虽然技术的进步对汞污染有一定的约束作用，但显然无法遏制全球工业化进程给南极的企鹅、海豹带来的影响。

科　科：人类活动虽然距离南极非常遥远，但也给这片地区带来了很深刻的影响啊。

爷　爷：对！所以我们才会建立南极保护区，南极科考人员也尽量不去干预当地的生态环境，就是为减少人类活动对这片区域的影响。我们在日常生活中也要注意保护环境，把垃圾分类处理，这些小小的举动都会影响遥远的南极！

如何判断企鹅数量以及海豹与全球环境变化的关系？

考考你

A. 企鹅粪土层和海豹毛

B. 企鹅巢穴和海豹食物

C. 企鹅粪土层和海豹食物

D. 企鹅巢穴和海豹毛

3

向南极扬起科学的风帆：
南极科考的实现方式

最近，听爷爷说了很多南极故事的阳阳，放学后总喜欢一个人站在世界地图前，望着南极的方向出神。这天，爷爷看着又一次站在地图前面的阳阳问道："阳阳，你在想什么？"阳阳手指着南极，说道："爷爷，我在想如果我要去南极，得走几步。"爷爷一听，笑着说道，"那阳阳，你想了这么多天，算清楚了吗？"阳阳委屈地说道："没有，这么多条路，又有山又有水，我都不知道该往哪走了。"科科拿下挂在墙上的地图，对爷爷说道："爷爷，您快跟阳阳说说吧，不然他不知道得站多久呢！"爷爷笑眯眯地摸了摸科科和阳阳的头，三人围坐在了一起。

1
十一月向南极出发

爷　爷：想一想，我们去南极首先得考虑什么？

阳　阳：怎么去？

科　科：什么时候去？

爷　爷：科科、阳阳说得都对，我们得考虑什么时间去合适，以及该怎么去。

南极没有四季之分，仅有暖季和寒季的区别。暖季一般是每年 11 月到次年 3 月，寒季一般是每年 4 月至 10 月。所以，去南极的最佳时间是北半球的冬季，也就是每年 11 月到次年 3 月，这一时期的南半球是夏季，相对温暖，气候较好，而且处于极昼时期，便于进行考察活动。

科 科：那就是说我们得选择南极的白天去。爷爷，我记得去南极是不是和我们去其他国家不同，是不需要签证的？

爷 爷：是的，南极属于全人类，是由全人类共同保护的，和平利用的净土并不属于任何一个国家，因此也不需要加盖签证等。

阳 阳：不用签证吗？那我们都怎么去呢？坐飞机可以吗？

爷 爷：南极其实是个神奇的地方，因为理论上无论我们从世界上任何一点出发，只要一路向南就肯定能够到达南极，所以我们要先选择从哪个点出发，到达离南极最近的国家智利或者阿根廷，可以选择飞机，也可以选择轮船。我主要想和你们说说科考人员是怎么前往南极的。

阳 阳：是坐船从上海出发的吗？

爷 爷：嗯，是的，我国南极科考队通常都会选择从上海出发。比如，第 36 次南极考察是在 2019 年 10 月 11 日，我国自主研发的极地科学考察破冰船"雪龙2号"以及"雪龙号"从上海出发，经过澳大利亚的霍巴特港，然后到达中山站。不同的是，南极考察过程中前往不同的科考站并不是直接在南极大陆上行走，而是将澳大利亚的霍巴特港作为中转站。第36次南极考察，就是在抵达中山站作业一段时间后还需要返回澳大利亚的霍巴特港，然后再次前往正在建造的罗斯海新站，直到在阿蒙森海域完成作业后返回霍巴特港，再筹备着下次前往中山站，最终完成任务原路返回上海。

科 科：这路线真复杂呀，还得往返很多次。爷爷，我记得您之前说过南极的气候十分恶劣，想必去南极的路途也是极为坎坷的。

爷 爷：的确。去南极的路上困难重重，这其中尤为出名的就是"西风带"，又被称为"咆哮西风带"，是进入南极必经的一道"鬼门关"。

阳 阳：西风带？

科 科：西风带在南半球副热带高压南侧，大约在南纬40°~60°附近，有一个环绕地球的低压区，常年盛行五六级的西风和四五米高的涌浪，7级以上的大风天气全年各月都可达7天以上，这就是人们通常所说的南半球西风带。西风带内气旋活动十分频繁，平均每隔 2~3 天就会有一个气旋影响考察船。强气旋可造成西风带内狂风暴雨和十几米的巨浪。

阳　阳：天哪，西风带的风这么大！这里为什么会有这么大的风呢？

爷　爷：这主要是由两个因素造成的。首先，地球自转决定着空气流动的方向。依据大气环流总的结构，中纬度的气流应向高纬度的极地输送。这意味着，北半球的中纬度在理论上应是南风，而南半球的中纬度在理论上应是北风。然而，地球在自转时产生的偏向力，始终对前进方向的右侧产生作用力。这样一来，北半球的南风就变成了西南风，南半球的北风就变成了西北风。并且，地球的偏向力随着纬度的增高而增加，因而到了中纬度地带时，这个偏向力是强大的，这成了西风带始终盛行西风的主要原因。其次，中纬度地区由于温差大，热量消耗多，导致空气对流频繁，从而引起强烈的大风。这两个因素叠加在一起，共同导致南半球没有多少山地阻碍的海域呈现强风大浪的天气，从而给航船带来极大的危险。

科　科：这样强风大浪的天气，肯定会对科考人员造成很

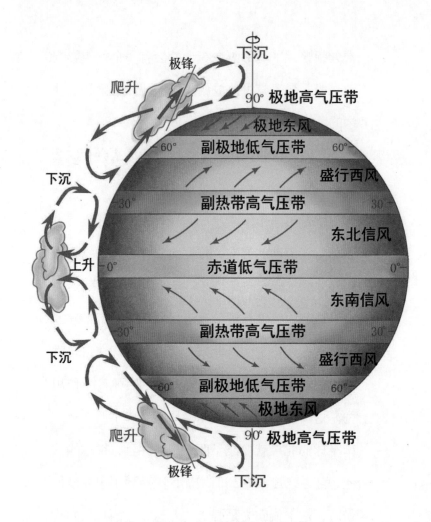

多困难，他们怎么解决这个难题呢？

爷 爷：一般来说，科考船上都会有专业的气象预报人员，

船上也配有相应的先进装备。比如，我国"雪龙号"

上网络传输设备升级，随船预报员可以实时下载

各国研发制作的海浪、风场，以及其他各类气象

要素的天气图，通过研究分析，制作随船天气海

况预报产品。此外，预报中心自主研发的船载气
象导航系统，具备航迹模拟与天气变化推演的实
用功能，可提供更加精细化的航线天气海况要素
预报和气象导航服务。

阳　阳：这太棒了！现代技术的发展为科学研究提供了很
多支撑呢。

爷　爷：阳阳能想到这些，真不错！由此也能看出，科学
和技术是相辅相成、相互促进的。

考考你

进入南极必经一道鬼门关，是指什么？

A.东风带　　B.西风带

C.北风带　　D.南风带

2

从雪橇到破冰船

科 科：爷爷，您刚刚说科学和技术之间相互促进，那技术落后是不是就会影响科学的发展？在人类拥有这些技术之前，人们又是如何克服南极这种极端的天气的呢？

爷 爷：说到这些问题，就得追溯南极探险的历史了。在出现现代南极探险所使用的破冰船之前，人类在前往南极的道路上摸索了很久。在南极探险早期，海上使用较多的是帆船，而在内陆则采用履带拖拉机或者马拉雪橇、爱斯基摩犬拉雪橇。这其中还有一个非常经典的故事，不知道你们有没有听说过？

阳 阳：什么故事？我没听说过呢，爷爷您快说吧！

爷 爷：之前爷爷和你们提到过两个探险家，来自挪威的罗阿尔德·阿蒙森和来自英国的罗伯特·斯科特。这两个伟大的人物几乎同时开始登上南极点的计划，却有着完全不同的结局，其中一个关键的问题就是他们两者对运输方式的选择不同。阿蒙森基于过往北极探险的经验，采用的是狗拉雪橇。

相反，斯科特在队伍出发时带了机动雪橇、矮种马和雪橇犬，并且在南极大陆上采用马拉雪橇的方式。你们知道探险家们是通过哪种方式最先到达南极点的吗？

科　科：我记得好像是用狗拉雪橇的，现在狗拉雪橇也是南极常用的交通方式吧。

阳　阳：我怎么记得好像是马拉雪橇，马能拉动很重的货物，人们要想在冰上行走应该会带很多补给物。

爷　爷：哈哈，科科和阳阳的意见不一样嘛。1911年12月14日，阿蒙森所在的队伍成为第一支登上南极点的队伍，遗憾的是斯科特所在的队伍却永远地留在了南极。实践证明，狗拉雪橇是当时冰上运输的最佳手段。而在现在的南极考察船舶行列中，已经出现了具有抗冰能力的破冰船。破冰船能破冰前进，是人们前往南极的最佳交通工具。考察船在科考站站区附近抛锚或停泊后，就依靠水陆两用车或小型驳船运输货物或者队员。

科　科：希望技术的进步能够避免类似的悲剧再次发生。

阳　阳：是啊！可是爷爷，破冰船能破冰，它是用什么破冰的呢？与普通船只又有什么不同呢？

爷　爷：为了开辟航道，顺利穿过冰封区到达南极大陆，

20 世纪中叶后，人们发明并建造了一种可在冰封的极区与海区开辟航路的船舶，这就是破冰船。破冰船的使命与普通船只不同，它的船体构造与动力装置、运动方式更是与众不同。它的船体不像一般海船那样瘦长，而是"身宽体胖"，粗短的船身能开辟出较宽的航道来，使紧随其后的船只能够安全航行。它的船尾是用特殊低温钢材制作的，船身里面也用各种材料加以紧固，真正做到挤不扁、压不断。破冰船还有一个特别坚硬的船头，能抗击厚厚的冰块，打开航道。破冰船的动力也不一般，大多采用"柴油机－发电机－电动机"组合机组驱动。

阳阳：太好了，有了破冰船就再也不用担心去不了南极啦！

科科：阳阳，也不能这么乐观，如果破冰船自身遇到意外怎么办？

爷爷：不用担心，科学家们也考虑到了这种情况。破冰船破冰前进，但也的确有被冰夹住的时候，这时候破冰船就会启用挣脱设施，使自己免遭冻结。这套挣脱设施采用的就是倾侧技术和气泡减阻系统。倾侧技术是指在船体两侧设置水舱，开动水泵使两侧的水舱轮流处于有水与无水的状态，使船体发生侧摇，这样可以压碎冰层，避免被冻结住。船头与船尾也可同样设置水舱，让船前俯后仰，以达到同样的效果。气泡减阻系统则是指通过靠近船底两侧的管道排放压缩空气，这样既可以减小船体与冰块的摩擦力，又可以让气泡在船体与冰水间形成气泡层，使海水不易冻结，防止船被夹住。

科 科：技术的发展确实为科学研究提供了不小的助力，我国第 36 次南极科考就启用了两艘破冰船，"雪龙号"和"雪龙 2 号"为南极科考保驾护航。

爷 爷：科科，看来你挺了解"雪龙号"的，那你给阳阳说说我国"雪龙号"破冰船的来历吧。

阳 阳：哥哥，快给我说说吧！

科 科：好嘞。我国南极考察航行的船只发展分为了三个阶段：第一阶段是"向阳红 10 号"，它仅仅是一艘普通的科研船；第二阶段是在 1986 年采用的"极地号"，它具备了一定的抗冰能力，但还不够完善；自 1994 年起，"极地号"退役，我

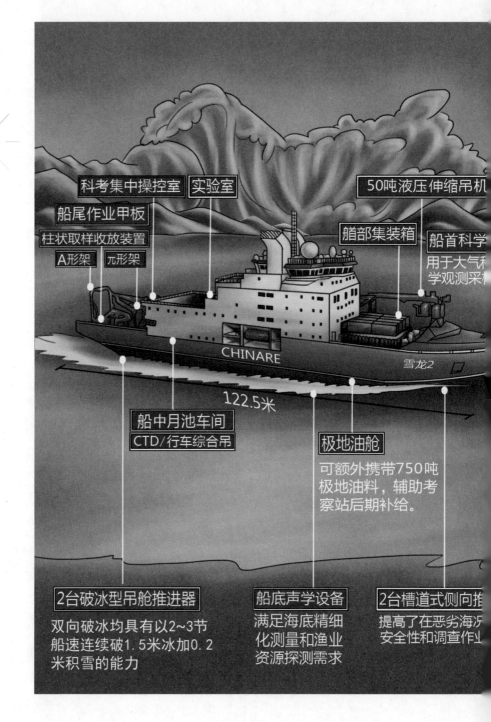

科考集中操控室　实验室　　　　　　　50吨液压伸缩吊机

船尾作业甲板

柱状取样收放装置　　　　　　　　艉部集装箱

A形架　π形架　　　　　　　　　　　　　　船首科学

　　　　　　　　　　　　　　　　　　　　用于大气和
　　　　　　　　　　　　　　　　　　　学观测采样

CHINARE

雪龙2

122.5米

船中月池车间

CTD/行车综合吊

极地油舱

可额外携带750吨
极地油料，辅助考
察站后期补给。

2台破冰型吊舱推进器

双向破冰均具有以2~3节
船速连续破1.5米冰加0.2
米积雪的能力

船底声学设备

满足海底精细
化测量和渔业
资源探测需求

2台槽道式侧向推

提高了在恶劣海况
安全性和调查作业

国南极考察航行的任务就落在了"雪龙号"身上。

阳　阳："雪龙号"是我们国家自己建造的吗？

爷　爷：不是的，"雪龙号"是我们在1993年从乌克兰赫尔松船厂买的。这是一艘具有B1级破冰能力的破冰船，"雪龙号"上有气象中心，可以接收卫星云图等气象资料，也集中了一大批先进的科研仪器，可以让科研人员在船上进行一系列科学研究。

科　科：我国南极考察中使用的"雪龙2号"才是我国第一艘自主建造的极地科考破冰船！

阳　阳：为什么有了"雪龙号"还要造"雪龙2号"呢？它们有什么不一样吗？

爷　爷：20多年前建造的"雪龙号"，不管是船龄还是船上设备，都已不能满足我国极地科考的艰巨任务。"雪龙2号"具有双向破冰能力，是全球第一艘采用船首、船尾双向破冰技术的极地科考破冰船。它具有以2~3节船速连续破1.5米冰加0.2米积雪的能力，可实现冰区快速掉头。这也意味着"雪龙2号"具有更强的破冰性能和灵活性，将极大拓展我国的极地考察区域，并延长考察时间。

阳　阳：什么是"双向破冰"，是指两头都可以破冰吗？

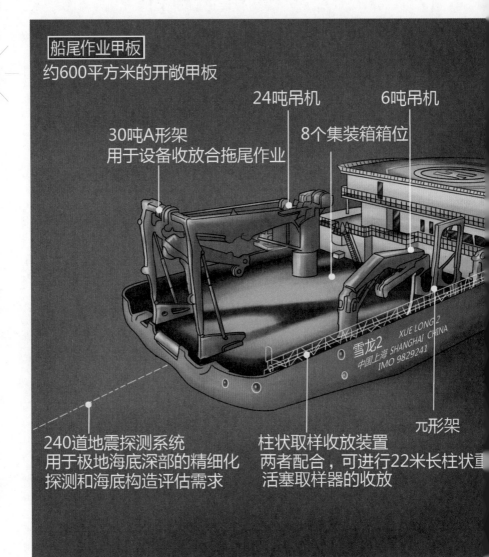

船尾作业甲板
约600平方米的开敞甲板

24吨吊机

6吨吊机

30吨A形架
用于设备收放合拖尾作业

8个集装箱箱位

雪龙2
中国上海 SHANGHAI CHINA
XUE LONG 2
IMO 9829241

兀形架

240道地震探测系统
用于极地海底深部的精细化
探测和海底构造评估需求

柱状取样收放装置
两者配合，可进行22米长柱状重
活塞取样器的收放

科　科：没错！所谓双向破冰，是指船首和船尾均可破冰。一般的破冰船是由船首向前破冰，可一旦遇到较厚的冰脊需要转向时，容易被冰脊卡住而难以突破。但"雪龙2号"不怕，因为它可以利用船尾来"啃硬骨头"。

爷　爷：不光如此，"雪龙2号"还具备全回转电力推进功能和冲撞破冰能力，可实现极区原地360°自由转动，并突破极区20米当年冰冰脊。船上还配备了两套动力定位系统。通过船上的电力推进器、舵、艏艉侧推协调配合，船首根据海上风向和海水流向选择合适角度，可以使船体"稳如泰山"。而船内通海的方形月池系统，更可确保"雪龙2号"在海冰密集海域或恶劣海况下作业，极大提升了在极地冰区的作业能力。从公开资料来看，"雪龙2号"可能是全球第一艘装备有水密舱盖月池系统的科考船。

阳　阳：哇，我国自主建造的破冰船果然厉害呢！

科　科：除了船本身的强大功能，"雪龙2号"更实现了科考系统的高度集成，方便科考人员在船上开展极地海洋、海冰、大气等环境基础综合调查观测，进行有关气候变化的海洋环境综合观测取样，在极地冰区海洋开展海底地形、生物资源调查。

阳　阳：怪不得爷爷说科学和技术的发展是相互促进的！科学的发展使得运输技术快速更新，而运输技术的发展又推动了科学的发展。

考考你

我国第一艘自主建造的极地科考破冰船是什么？

A. 雪龙号

B. 雪龙 2 号

C. 向阳红 10 号

D. 极地号

3
南极是个试验场

爷 爷：南极除了能够建立科考站、实现极地科学考察之外还是一个天然的试验场，为很多的科学假设提供了天然的试验环境。

科 科：试验场？这又是怎么回事呢？

爷 爷：20世纪60年代末，英国科学家詹姆斯·洛夫洛克提出的盖亚假说就是一个很好的例子。在这个假说中，洛夫洛克把地球比作一个能自我调节的有机生命体。但这并不意味着地球是有生命的，而是说明生命体与自然环境，包括大气、海洋、极地冰盖以及我们脚下的岩石之间存在着复杂连贯的相互作用。盖亚假说认为，这些相互关系共同作用使地球保持着适度的稳定状态，以使生命继续维持。

阳 阳：那这和南极又有什么关系呢？

爷 爷：虽然盖亚假说的一些预测得到了证实，但这其中部分含义仍然存在争议。比如，若将盖亚作为一个负反馈调节系统，该如何去理解该系统的目标？又该如何去理解盖亚的自动平衡态？在地球的大气、环境等不断发生巨大变化时，它如何去保持自动平衡？盖亚作为一个整体系统，一直是通过计算机模型和模拟实验来研究的，而科学理论是需要实验论证来支持的，因此科学家们想到了南极地区，这里至今仍保持着地球最原始的自然状态，可以作为一个天然的试验场来验证假说。

阳 阳：哦！爷爷，我明白了，南极接近于原生的生态环境，能够给这个假设提供真实的试验场！

爷 爷：这也是一种思路。事实上，在盖亚假说的基础上，20 世纪 80 年代科学家们又提出了 CLAW 假设。这个假设进一步阐释了硫在海洋－大气循环过程中对全球变暖产生的负反馈作用。假设认为，二氧化碳造成温室效应，温室效应下藻类繁殖力更强，藻类新陈代谢产生的二甲基巯基丙酸会转为地球生物体自我调节机制的主角——二甲基硫（DMS），二甲基硫排放到大气形成硫酸盐促使云凝结核增加，从而使其散射和吸收太阳短波辐射的作用增强，降低地表温度，缓解全球变暖。这个假设推进了关于地球气候的生物调控的思想，而南极地区为该假设的验证提供了能够同步实时观测的条件。

科 科：除此之外，南极地区还可以进行哪些科学实验呢？

爷 爷：刚才我们提到，藻类的繁殖产生的二甲基硫有助
于缓解全球气候变暖，美国科学家约翰·马丁也
基于同一种思想提出了"铁假设"。这个假设认为，
通过给海水中加入铁元素增加浮游植物的繁殖来
更多地吸收大气中的二氧化碳继而影响全球气候
变化。这个假设自提出以来，科学家们在南大洋
进行了多次实验，实验结果推动了 20 年来的大
洋铁施肥实验，海洋施肥研究也由微量元素铁施

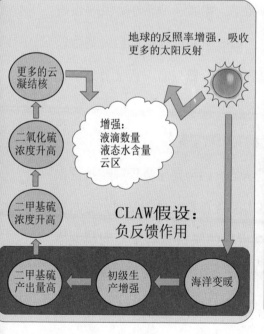
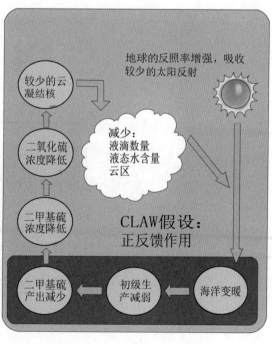

肥延伸到大营养元素海洋施肥。

科 科：爷爷，这些实验看上去都和气候有关，除了气候，南极还可以作为别的领域的试验场吗？

爷 爷：当然！南极地区还是捕捉宇宙中暗物质的绝佳地点。

阳 阳：什么是暗物质？

爷 爷：暗物质是从一种理论上提出的可能存在于宇宙中的不可见的物质，它可能是宇宙物质的主要组成部分，但又不属于构成可见天体的任何一种已知的物质。比如中微子，它是组成自然界的基本粒子之一，宇宙射线中的高能粒子轰击其他物质原子产生辐射和中微子。中微子非常小，几乎没有质量，也不带电，因此它穿过任何物质时与物质的原子发生碰撞的概率大概只有一百亿分之一，而科学家一直在致力于捕捉它。

科 科：科学家为什么要捕捉中微子呢？

爷 爷：因为中微子物理学是一门与粒子物理、核物理以及天体物理的基本问题息息相关的学科，它对于微观世界与宏观世界的联系具有重要的研究意义。除此之外，中微子自身的特性如果能被应用到日常生活中，也将给人类社会带来极大的便利。

比如，在通信领域，由于地球本身是球体，表面还有很多建筑物、高山盆地等，电磁波长距离传送要通过通信卫星和地面站，如果使用中微子进行传输的话，它可以直接穿透地球，而且其中的损耗也非常小，如此一来就无需建造昂贵且复杂的卫星或者微波站了。此外，中微子还可以运用到地层探测中，给整个地球做个CT，这也是一个非常重要的应用前景。

阳　阳：那科学家们是怎么捕捉中微子的呢？

爷　爷：目前来说，世界上存在着近10种中微子探测器。比如，美国科学家在北达科他州的一个废弃的金矿井里建立了一个中微子研究实验室，也是在这里第一次探测到了由太阳放射出的中微子。探测中微子必须有足够大的探测阵列，一台大型中微子观测站必须具有千米的探测物质尺度才能有效探测来自宇宙的中微子，探测物质还必须足够透明，以便光线在传感器阵之间传播，还需要有足够的深度以屏蔽来自地球表面的干扰。于是人们想到了在湖底或者海底建造中微子探测器，现有的贝加尔湖中微子探测器（BAIKAL-GVD）、中微子天文学望远镜与深海环境研究工程（ANTARES）和海洋学研究中微子扩展水下望远镜（NESTOR）都是建在湖底或者海底的中微子探测器。

科科：爷爷，您刚刚说南极才是捕捉中微子的绝佳地点吗？

爷爷：是的。在 2000 年，科学家在南极点冰盖下建立了一个神奇的望远镜（AMANDA），用以绘制第一幅高能中微子粒子从太空轰击地球的飞行路径图。AMANDA 望远镜和传统的望远镜不同，它是朝下看的，由 677 个玻璃球状的探测器构成的 500 米 ×120 米的阵列，通过电缆悬垂于南极点 1.5 千米以下的冰层中。冰层将除了中微子以外的一切放射物质过滤掉，中微子与一些冰分子发生碰撞，发出微蓝色的光芒，称为切伦科夫辐射，沿着切伦科夫光束的路径，科学家据此可以追踪中微子的源头。AMANDA 的建造证明了千米尺度中微子天文台的可行性，紧接着"冰立方"（ICE CUBE）中微子天文台项目也被列入了计划。

阳阳："冰立方"？这又是什么计划？

爷爷："冰立方"的全称是冰立方中微子望远镜，是由 5000 多个探测器构成的 1 立方千米的阵列。它是

目前世界上同类天文台中最大的一座，被安置在南极点 1 立方千米体积的冰层中。耗时 10 年，耗资 2.79 亿美元的冰立方于 2010 年 12 月 18 日宣告建成。它的建成，意味着将有更多中微子会被探测捕捉到并被科学家记录下来加以分析。众所周知，中微子蕴含着太空深处各种星体的奥秘，"冰立方"将给科学家们提供一个庞大的数据库，用来分析一些剧烈的天体事件，这对于探索宇宙和天体起源、演化都有着重要意义！

考考你

"冰立方"计划的目标是什么？

A. 大洋铁施肥实验　　B. 藻类生长检测

C. 捕捉宇宙暗物质　　D. 观察全球气候变化

4

"科考站"的大作用

爷 爷：要想在南极开展科考活动，最关键的问题在于科考站的建立！

阳 阳：科考站？就是科学家在南极进行科学研究的地方吗？

爷 爷：你说得对！

1957~1958 年，也就是国际地球物理年期间，世界上很多国家开展了大规模的南极科考站建站工作。其中，美国在南极点建立了阿蒙森－斯科特站，苏联在南地磁轴建立了东方站，法国在南极磁设立了迪蒙·迪尔维尔站等。因为科学家们认识到，要想真正地认识南极，发展极地科学，短期的考察是远远不够的，必须在南极建立科考站来进行长期的多学科观测与考察，才有可能取得有价值的科学数据。

科 科：科考站有哪些类型呢？

爷 爷：科考站大抵分为三种类型，第一种是常年科学考察站，第二种是夏季科学考察站，第三种是无人自动观测站。其中，常年科学考察站顾名思义就是常年都有人驻扎的考察站，一般规模较大，各种建筑设施都很完善，包括后勤保障、交通、通信、生活设备等方面，基本上能满足队员生活和工作的需要。同时，常年科学考察站相对于其他两种类型的考察站来说，科学研究项目更多，实验手段更加先进，很多实验项目的时间跨度非常大，但也在不间断地进行。

阳　阳：除了常年科学考察站，另外两种类型的考察站是什么情况呢？

爷　爷：夏季科学考察站，也就是指南极夏季（每年 11 月至次年 3 月）才会有科学家开展考察工作的科考站。一般情况下，这种考察站规模比较小，但也有一些仪器设备和生活设施。它们大多数是常年科学考察站的"卫星"站，建立在条件恶劣但是又特别有科学研究意义的地区。而无人自动观测站主要建立在条件比夏季科学考察站更为恶劣的地区。科技的发展为南极科考带来了极大的便利，科学家们把各种自动化的仪器设备放到无人观测站中，它就能定时发送观测记录以便科学家们进行各项研究工作。

科　科：科考站一般都建在南极的什么位置呢？

爷　爷：通常来说，科考站的选址最重要的是有利于进行科学考察，并具有科考的价值。在地理位置上，科考站一般选择建在方便人员和物资运输的沿海地区，以及有裸露基岩的地域，因为建在基岩上的房屋更能够抵御南极的狂风暴雪。而且，沿海岸地区一般比内陆的气温稍高一点，有助于冰雪融化形成用水来源。比如，南极的乔治王岛地区，这个弹丸之地上几乎所有的有利地形均已被各国科考站占领，中国南极长城站也建在这座岛上。

阳　阳：沿岸科考站可以靠冰雪融化取水，那内陆科考站的水源来自哪里呢？

爷　爷：内陆科考站的水源也来自冰雪融水，只不过过程要麻烦得多。因为在内陆化冰取水需要耗费大量的人力和能源，为了节约成本，科学家们想办法在考察站蓄水池边缘建立一堵弧形墙，利用自然风把雪吹进蓄水池。有时在雪量过少的情况下，还会用推土机把雪推进池中再进行加热，以保持蓄水池中有足够的生活用水。

科　科：用水问题解决后，科学家们怎么解决吃饭的问题呢？

爷　爷：在南极的夏季，每个科考站都会有破冰船和飞机补给大量的新鲜蔬菜和水果。工作人员为了延长蔬菜的保存时间想尽了各种办法，比如，储存一些速冻的蔬菜，把新鲜的蔬菜脱水存放等。现在，科考队员们在长期的实验中已经摸索出了在科考站内种植一些芽菜的方法。科考队员们在南极还发明了一种很有意思的保存鸡蛋的方法，叫作"倒蛋"。由于新鲜的鸡蛋如果长时间静置不动会造成蛋黄下沉，贴在蛋壳内部发生变质，于是科考队员们就将整箱的鸡蛋每个星期颠倒一次，避免蛋黄粘在蛋壳上。同时，他们还把鸡蛋储存在 0~4 ℃且湿润的环境中，这样一来，鸡蛋便可以保存一年以上了。

科 科：科学家在南极开展考察工作是如何进行通信的呢？

爷 爷：虽然南极地区环境恶劣，但这并不影响在这里工作的科考队员的通信。一般来说，考察站里都装有小型电话交换机，内部一般用普通电话；出门在外考察时，队员之间通常使用手持对讲机；进行远距离活动时，车载高频通话、小型短波电台、便携式卫星电话等都发挥了重要作用。除此之外，当考察站与考察站之间，或者考察站与本国之间进行联系时，可以使用海事卫星电话进行通话、

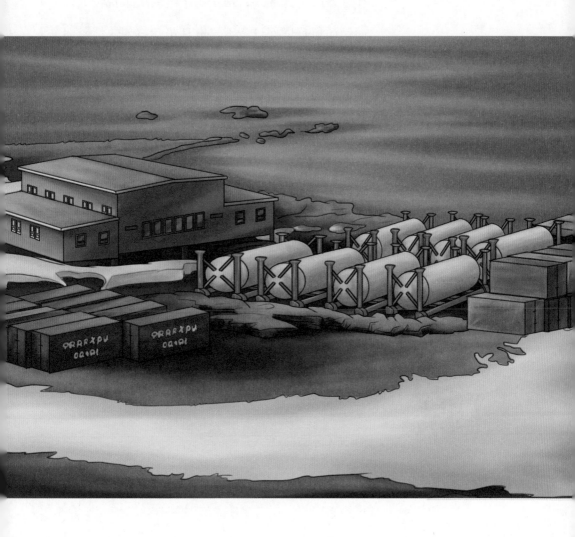

收发传真和电子邮件等操作。

阳　阳：科学家们在南极如果想念家人了怎么办？

爷　爷：以前通信还不够发达的时候，只能通过飞机传送队员们和家人之间的书信，每次书信往来需要好几个月的时间。后来，队员们开始通过短波电话和远方的家人通话，但是由于电离层干扰较大，通话质量难以保证。卫星电话虽然方便快捷，但成本非常高，每分钟就需要几十元人民币。好在随着科技的进步，卫星通信和互联网也在南极大陆普及开来。现在，科考队员如果想念家人了，只要打开手机，就可以和家人进行视频通话了。现在的科技发展迅速，大大改善了人们的生活条件啊！

考考你

以下哪个不是南极科考站的常见类型？

A. 常年科学考察站

B. 夏季科学考察站

C. 冬季科学考察站

D. 无人自动观测站

4

"去南极"看世界之最：
国际南极科考足迹

　　阳阳和科科放假了，爷爷带他俩一起去爬山。阳阳抬头看着高耸入云的山峰，望着陡峭的台阶有些沮丧地问："爷爷，这都望不见山顶，什么时候才是个头啊？"爷爷摸了摸阳阳的头，说道："这爬山啊，就和我们做科学研究一样，首先需要在无人涉及的领域去探索，探着探着，这路就走出来了。"阳阳有些似懂非懂，摸了摸自己的脑袋，问道："到山顶了是不是就到头了？"爷爷摇摇头说："你看到的山顶可能只是一座大山的一部分，比到头更重要的是我们需要回头看看自己走过的路，留下了什么，又要带走什么。"科科看到阳阳和爷爷停了下来，回来听到了爷爷说的话，突然想到了什么，问道："爷爷，您的意思是不是说爬山和科学研究相同的地方在于都需要经历探索、发展、克服的过程？"爷爷哈哈笑了起来，并说道："是这个意思，我们人类取得的成就都是先辈们一点一点积累下来的！"科科点点头说："明白了，爷爷！要不您边走边给我们说说人类南极科考的历史吧！"

1

最早的科考站
——奥尔卡达斯站

爷 爷： 既然你们想知道人类南极科考的历史，我就挑几个比较重要的和你们说说吧！

科 科： 人类是怎么把探索南极付诸实践的呢？

爷 爷： 其实在南极探险历史上有颇多争议，很难有明确的定论。自 1772 年英国的库克船长率队扬帆南下到 19 世纪末，先后有很多探险家驾帆船去寻找南方大陆，历史上把这一时期称为"帆船时代"。

阳 阳： 对，爷爷您之前说过，开始时是库克船长带着大家前往南极探险，但是没有发现南极大陆的存在！

爷 爷： 是啊！直到 1819 年，南极大陆才被英国的威廉·史密斯船长发现。而库克船长发现的是新西兰大陆，他对所发现的新西兰进行宣传，希望英国尽快实现对此地的殖民占领。他在日记中说："如果有一个勤劳的民族在此定居，那他们不仅很快就能有生活必需品，而且还能拥有大量的奢侈品。"这实际上是在替殖民活动做宣传，也反映了当时英国潜藏在探险和开发新大陆背后的殖民扩张的真正目的。

科 科：也就是说，虽然库克船长并未发现南极大陆，但他掀起了全球开发新大陆的热潮，对吗？

爷 爷：没错！历史上很多的科学研究背后都存在着利益的推动，我们不可否认的是这利益驱动下的科学进步为人类带来了福祉，也无法忽略其对部分人类、对环境造成的破坏。

科 科：爷爷，那这之后呢？发现了南极大陆之后人类又做了什么？

爷 爷：这之后就来到了人类探险的英雄时代。"英雄"二字用来形容这个时代，是因为这个时代的先辈们克服了各种困难，甚至有 17 名探险队员失去了生命。这个时代是指 19 世纪末到 20 世纪 20 年代初的这段时间。在这 25 年间南极洲得到了国际社会的关注，大量科学与地理探险由此展开。其间主要有 16 次探索，由 8 个国家完成。它们的共同特点是物力不足，当时的交通与通信技术还没有给南极探索带来革命性的变化。这意味着每次探险都是一次耐力的壮举，挑战着参与人员的体力与心理极限。其中比较著名的探险故事，

就是之前和你们说过的阿蒙森和斯科特前往南极点的探险历程。

科 科：不管怎么说，探索的道路是由这些英雄奋斗终身，甚至以生命为代价一步一步踩出来的，是值得我们景仰的！

阳 阳：是啊！那后来我们就在南极上建设科考站，开始进行科学研究了吗？

爷 爷：随着后来科学技术的发展，南极科考也越来越成熟。第一个建立于南极的科考站是奥尔卡达斯站，它位于劳里岛之一的南奥克尼群岛，也是最早且仍然在运行的南极考察站。它由苏格兰南极探险队于1903年建立，于1904年移交给阿根廷政府。

科 科：1903年建立……那到目前为止都120年了！

阳 阳：原来存在上百年了啊！奥尔卡达斯站现在还可以做科研吗？

爷 爷：可以呀！它可以做地面和高度气象学研究，有一个南极预报中心，也可以做冰川学研究，研究海冰的状况或者做一些生物学研究，如观察鸟类和海洋哺乳动物的生存情况以及企鹅种群的监测等。

科　科：真是惊人！人类的活动竟然已经在这片大陆上延

续了这么久！

考考你

世界上最早的仍在运行的

科考站是什么？

A.奥尔卡达斯站　B.阿根廷站

C.苏格兰站　　　D.库克站

2
最大的科考站
——麦克默多站

科　科：爷爷，我还是忘不掉您之前说的阿蒙森和斯科特的故事。尤其是斯科特，我想当他发现阿蒙森已经到达南极点，而自己仍身处严寒之地缺乏补给时，这种打击肯定是毁灭性的。

爷　爷：确实，这在南极探险历史上是个悲剧。正因如此，为了铭记这段历史，人们在南极点上建立了一座以阿蒙森和斯科特命名的科考站。

阳　阳：南极点上建立的科考站？那是不是很特殊？

爷　爷：没错，前面我们说过，南极点位置很特殊，是地球上仅有的两个没有方向的地方之一。和斯科特的南极点探险之旅一样，在南极点建站的过程也十分坎坷。最早在此建站的是1956~1957年间美国海军的一个18人小组，这个小组于1956年10月到达此地，并在此地度过1957年的冬天，成为第一批在南极点过冬的人。因为此前南极点的冬季状况从未被报道过，因此初始站部分被建在地下。后来，由于积雪在初始站周围堆积，以每年约 1.2 米的速度将此站不断深埋，因此此站于 1975 年被放弃。此站现已被积雪覆盖，大半木制的屋顶也已被压崩，因而属危险区域并禁止人员进入。

科 科： 那这座位于南极点的科考站被废弃了吗？

爷 爷： 被雪掩埋的初始站确实是废弃了，但人们又建造了新站。1975 年 1 月 9 日第二代南极点考察站开站，以其极具特色的大圆顶为标志性建筑。如今的阿蒙森－斯科特站是美国科学基金会建造的第三代南极点考察站，于 2008 年 1 月建成。新的主体建筑由两栋 C 形的双层建筑相连而成，距离雪地表面约 3.3 米。主体建筑由 36 根巨大的立柱支撑，每根立柱都带有支撑力为 50 吨的液压千斤顶，可以将主体建筑升高两层楼，从而延长 30 年的使用期。

阳 阳： 爷爷，阿蒙森－斯科特站都重建多次了，还会在南极点上面吗？

爷 爷： 其实是有偏离的。由于冰层以每年 10 米左右速度向南美洲移动，所以南极点考察站的实际位置已经偏离南极点。每年 12 月 31 日，科学家都要用 GPS 系统重新标定一次南极点的最新位置，并立

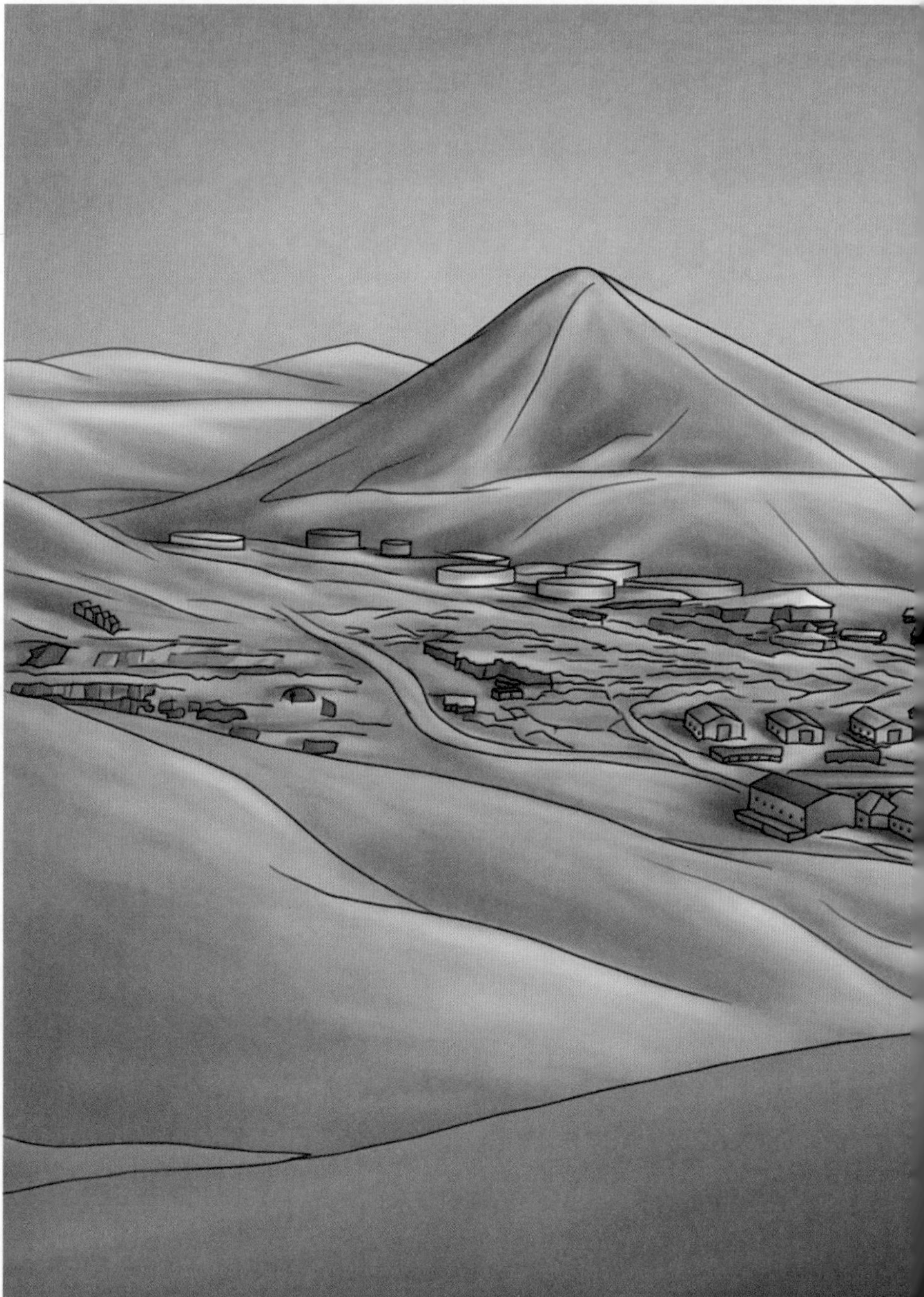

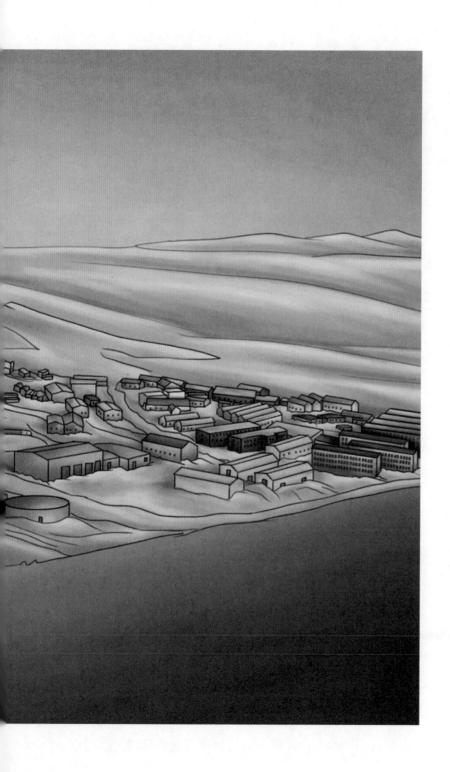

上标杆。南极点的标志是位于一根立柱上的金属
球，历年的极点标志似乎可以排成一长列。

科 科：在南极这样的环境下，能建立起一个供人们生活、
科研的地方应该很不容易吧！

爷 爷：的确，大多数的科考站都只能容纳几百人，只有
被称为是"南极第一城"的麦克默多站是个例外。
麦克默多站是在 1956 年建成的，有 200 多栋建筑，
是南极洲最大的科学研究中心。这个站上还建有
一个机场，可以起降大型客机，有通往新西兰的
定期航班。此外，这里还建有大型海水淡化工厂、
大型综合修理工厂，站上的通信设施、医院、电
话电报系统、俱乐部、电影院、商场一应俱全。
在麦克默多站附近或稍远处的各种实验室里，每
年夏季最多时有 2000 多名科学家在此从事各学
科的考察研究。

阳 阳：这么多人！真不愧是"南极第一城"，简直就像
个小镇一样！

科 科：麦克默多站里居住的应该不全是科学家，还有很
多后勤人员，比如建设、维护以及保障日常生活
的工作人员吧？但是在南极区域，有个这么大的
"小镇"，对南极的环境来说也可能是一种负担，
会产生不少垃圾，并且也可能造成环境污染吧！

爷　爷：科科的担心没错，麦克默多站在过去十年中一直
在试着改善环境管理并移除垃圾，以遵守《关于
环境保护的南极条约议定书》的相关规定，为此
麦克默多站在 2003 年建造了一个新的垃圾处理
设施。但这些工作只能从一定程度上降低人类活
动对南极环境的影响，我们人类还是要尽最大可
能减少在南极大陆上除科学考察外的其他活动。

阳　阳：哦……我刚刚都没有想到这些，只觉得在南极上
有这样一个"小镇"多酷啊！

爷　爷：这是因为我们人类更习惯于从自身出发去考虑一
些对自己有利的情况。阳阳也不用沮丧，这只是
时间问题，慢慢地你就会考虑得越来越周全啦！

阳　阳：嗯！我知道啦爷爷！

考考你

阿蒙森－斯科特站是世界上地处最南端的科考站，
它一直都处于南极点上吗？

A. 是的，阿蒙森－斯科特站重建多次，每次都在南极点上

B. 是的，阿蒙森－斯科特站可以移动至南极点

C. 不是，阿蒙森－斯科特站因重建多次，所以不在南极点上

D. 不是，因为冰层的移动，南极点在冰层上的位置在变化，所以阿蒙
森－斯科特站不在南极点上

3

最国际化的科考站
——世界公园站

阳　阳：如果说麦克默多站如此大规模的人类活动可能会影响南极环境的话，那我们人类在南极的所有活动加起来会不会对南极生态产生更大的影响呢？

科　科：从理论上来说，确实如此。这也是为什么我们一

直在呼吁全球保护南极环境。不仅仅是我们国家，国际上的一些非政府组织也一直积极地进行环境保护的工作，比如说绿色和平组织。

爷　爷: 是的，绿色和平组织（Greenpeace），前身是1971年9月15日成立于加拿大的"不以举手表决委员会"，1979年改为绿色和平组织，总部设在荷兰阿姆斯特丹。该组织的宗旨是促进一个更绿色、和平和可持续发展的未来的实现。绿色和平组织在世界40多个国家和地区设有分部，拥有超过300万名支持者。为了保持公正性和独立性，绿色和平组织不接受任何政府、企业或政治团体的资助，只接受市民和独立基金的直接捐款。

阳　阳: 它是怎么保护全球环境的呢？

科　科: 绿色和平组织在世界环境保护方面贡献良多，在某些环节更是扮演着关键角色。比如，禁止输出有毒物质到发展中国家；阻止商业性捕鲸；制定一项联合国公约，为世界渔业发展提供更好的环境；在南太平洋建立一个禁止捕鲸区；50年内禁止在南极洲开采矿物；禁止向海洋倾倒放射性物质、工业废物和废弃的采油设备等。而在1985年，绿色和平组织启动了一项意义重大、影响深远的行动——保卫南极洲。

爷　爷：是的，南极洲唯一不属于任何主权国家的常年科学考察站是绿色和平组织于 1984 年建立的世界公园站，位于罗斯海沿岸的阿德利地，常驻队员 4 人，主要任务是监视、监测各国南极站的环境保护状况。

阳　阳：为什么世界公园站的常驻队员只有 4 个人？

科　科：绿色和平组织是一个非政府组织，这样一个机构在南极建立考察站本身就十分困难，需要克服许多实际问题及政治障碍。最基本的就是需要有足够的经济和物资基础来支撑世界公园站在南极长期以来的生存问题。最初考察站建立时就只有 4 位志愿者：一位机械师、一位无线电操作员、一位科学家，以及一位医生。同时，绿色和平组织在此还有一个目的，就是在南极建立"世界公园基地"，以便保持该地区良好的生态循环。绿色和平组织竭尽所能以保证基地设施能够减轻人类对脆弱生态系统的影响。

阳　阳：除了建立"世界公园基地"，绿色和平组织在南极还做了什么事情？

爷　爷：他们还做了很多的努力。在 1987~1988 年期间，绿色和平组织的 15 名抗议者聚集在南极洲的法国迪蒙·迪尔维尔站飞机跑道的建设工地上，阻止建设施工。

阳 阳：为什么要阻止建设飞机跑道？有了飞机跑道，人类前往南极科考站不是更加方便吗？

爷 爷：因为这次施工引起了全球诸多争议，包括为了建设飞机跑道而炸毁企鹅栖息地等问题。

阳 阳：炸毁企鹅栖息地？太过分了！这种行为必须阻止！

科 科：不仅如此，绿色和平组织还发起了一场时至今日依旧令人瞩目的运动——反对捕鲸。他们希望能够引起世界对终止商业捕鲸的关注，通过曝光捕杀画面等方式将持续进行的捕杀现状公之于众，以此来干预捕杀过程，并且激起公众对捕杀现状的抗议。

阳 阳：曝光确实是很好的方式，可效果怎么样呢？

爷 爷：效果可以说是喜忧参半。值得高兴的是，经过绿色和平组织的努力，反捕鲸行动取得了一些胜利。比如，国际捕鲸委员会（IMC）投票表决了一项无限期停止商业捕鲸的决定，设立了"南大洋鲸类保护区"。该保护区绵延 1800 平方千米，全球

90%的鲸在这里捕食与繁殖。然而，令人惋惜的是，尽管全球商业捕鲸已大幅减少，却没有迹象表明，鲸的数量有所恢复。这主要是因为历经几次捕鲸潮的起伏，该物种已经走到了灭绝的边缘，若想要恢复鲸的数量，人类还需要走很长的路，所以绿色和平组织目前还在组织拯救鲸的抗议活动。

阳 阳：听起来不是很乐观。爷爷，这是不是就像您说的那样，我们在攀登科学高峰的路上还得回头看看在这个过程中留下了什么，造成了什么影响？

爷 爷：没错！人类的脚步留下的到底是福还是祸，有时候没办法立刻得出结论。这时我们就需要停下来，回头看看来时的路，这来时的路也是人类未来的路。

考考你

世界公园站是由哪个国际组织建立的？

A. 世界卫生组织

B. 绿色和平组织

C. 世界自然保护联盟

D. 国际人权联合会

4

最神奇的科考站
——"哈雷6号"

科 科：爷爷，如果说南极的雪经常会淹埋科考站，那为什么不把科考站建得更高一点呢？

爷 爷：我们平时在盖房子时需要根据房屋的结构特征在地面以下打造一个地基基础，这个地基基础指的是以地基为基础的房屋的墙或柱埋在地下的扩大部分，为的是支撑地面建筑的地下结构。这在我们日常生活中看起

哈雷 6 号科考站布局图

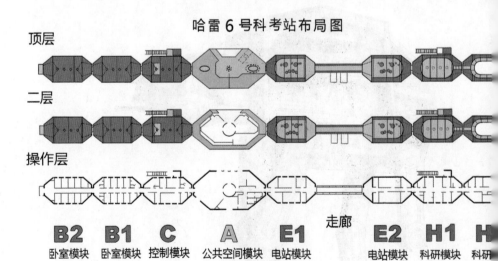

顶层

二层

操作层

走廊

B2 **B1** **C** **A** **E1** **E2** **H1** **H**

卧室模块　卧室模块　控制模块　公共空间模块　电站模块　　　电站模块　科研模块　科研

来相对简单的事，在南极这样的气候条件下却十分困难。

阳 阳：在南极盖房子难，是因为那边特别冷吗？

爷 爷：这是原因之一。寒冷的天气不仅会严重影响施工人员的进程，同时南极的地质条件也十分特殊。由于南极的房子是"头重脚轻"的结构，所以对地基的要求极为严格，一般要建在坚硬的基岩上。为了增加地基的牢固性，科考队员还要在基岩上用岩石钻机钻 1~1.5 米深的孔，用钢管扦入，并浇注水泥。有的地方基岩埋得很深，科考队员挖了近 2 米深的大坑也看不到基岩；有的地方基岩异常坚硬，钻机连续烧坏了几次，也无法在上面打下一个孔；有时遇到冻土层，挖掘机每天只能下挖 200 毫米。

科 科：钻机都钻不动啊？那这房子怎么盖呢？

爷 爷：对，这个问题确实十分棘手。不过科学家一直在探索如何改善科考站的结构以适应南极的气候，其中一个引人瞩目的成果就是英国南极局的"哈雷 6 号"科考站。这是世界上第一个可移动式科考站，于 2013 年 2 月建成。

阳 阳："哈雷 6 号"？那"哈雷 1 号""哈雷 2 号"……呢？

爷　爷：哈哈，哈雷站以前有 5 个基地。各种建造方法都尝试过，从无保护的木屋到钢铁隧道内的建筑，但最后都被积雪掩埋和压碎，无法居住。而"哈雷 6 号"科考站坐落在一个漂浮的、150 米厚的布伦特冰架上。该冰架 35 年间一直处于休眠状态，但在 2012 年开始出现一条冰裂缝，第二年以每年 1.61 千米的速度迅速扩大，严重的是在 2016 年 10 月，第二条裂缝出现在科考站以北约 17 千米处。

科　科：那这个可移动的"哈雷 6 号"怎么移动呢？

爷　爷："哈雷 6 号"由 8 个模块组成，被顶起的液压支腿使其保持在积雪之上，这些腿的底部有可伸缩的巨型滑雪板，8 个庞然大物被串成"火车"，用长得像拖拉机的履带车辆拖动，可以让建筑定期搬迁。"哈雷 6 号"首尾相连的 7 个蓝色模块分别被用作卧室、实验室、办公室和电站；其中间部分是一个用作社交空间的双层红色模块，这里光照充足，高度是其他模块的 2 倍。这 7 个模块的设计是为了在冬天完全没有光照的 3 个月里（气温可能降至 -56℃）为科考队员提供保障。

阳　阳：太酷了！这外形看起来特别像电影《星球大战》中庞大的帝国步行机 AT-AT！

爷　爷: 哈雷站不仅外形很酷, 也被人称为"英雄"科考站。

正是基于哈雷站的研究数据, 科考人员在 1985 年

发现了南极上空的臭氧层空洞现象。

考考你　　　"哈雷 6 号"一共由几个模块组成?

A. 9 个

B. 6 个

C. 8 个

D. 7 个

5

中国的"去南极"之路：
我国南极科考足迹

今天是阳阳的生日。放学回到家时，阳阳发现客厅的桌子上放了一个大蛋糕，还有一份包装精美的礼物。阳阳来不及放下书包，就走到礼物前开始拆，里面是一本书——《秦大河横穿南极日记》。这时，爷爷和哥哥科科从卧室走出来，对着阳阳说："阳阳，生日快乐！"阳阳见到爷爷，立马跑过去缠着爷爷问："爷爷，秦大河是谁？"爷爷见阳阳着急的样子，故作神秘地说："他是中国横穿南极大陆的第一人，是中国首座南极科考站长城站的站长，也是中国第四次南极考察队的副队长。""哇！这也太厉害了吧！"阳阳兴奋得手舞足蹈。爷爷笑了笑，对着兄弟俩说："既然你们这么感兴趣，那今天我们就来讲讲中国在南极建立科考站的故事。"

1

我国最早的极地科考站——长城站

爷　爷：前面我们说过，南极地区是地球上最大的科学试验场，一直吸引着世界各国的目光。20 世纪 80 年代初，已有 18 个国家在南极洲建立了 40 多个常年科学考察基地，而拥有全球四分之一人口的中国却始终没有涉足于南极。中国也是当时唯一一个在南极问题上没有发言权的联合国安全理事会常任理事国。

阳　阳：那中国是什么时候在南极建立科考站的呢？

爷　爷：1983年中国正式成为《南极条约》的缔约国。当年9月，中国政府正式派出代表团出席了第十二届《南极条约》协商会议。当时的中国在国际南极事务上处于一个尴尬的地位，因为在国际南极事务的处理上还有缔约国和协商国之分，只有协商国才有资格在南极事务中发言和决策。要成为协商国，首先要在南极进行实质性的科学考察。1984年11月20日，中国政府派出了历史上第一支南极考察队远赴南极，他们此行的目的就是在南极的乔治王岛上建设中国第一个南极常年科学考察站——长城站。

阳　阳：那这些科学家们最终到达南极了吗？

科　科：科考队员们第一次前往南极的航程充满了艰险。队员们乘坐"向阳红10号"考察船从上海出发，经历了主机故障、强气旋侵袭、冰山群等险情后，在全体船员的努力下，中国科考队一行591名队员于1984年12月30日终于登上了南极洲的乔治王岛。

阳　阳: 科考队员们上岛之后就开始建
科考站了吗?

爷　爷: 之前说过，在南极建立科考站，
选址非常重要。在南极建立一
个永久性的科学考察站，要考
虑到设施的科学实用性，更要
确保房屋的保暖性和牢固性，
建设地点的地质条件达标、水
源充足等。经过勘测，最终确
定乔治王岛菲尔德斯半岛的南
部作为长城站第一站址。

科　科: 长城站是怎么建设的呢?

爷　爷: 建设的长城站由两栋红色的钢
结构房屋组成，建筑面积 300
多平方米，每栋房屋的框架由
300 多根低合金钢拼接而成。
这种钢材有极高的强度和硬
度，即使在 −60 ℃的低温下，
也不会变形，保证了房屋的坚
固性。钢架之间由特制的墙板

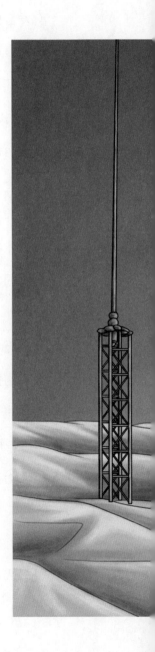

连接而成，每块墙板由两块钢板中间夹聚氨酯制成，这样一来不仅保温、防火，而且重量也轻。设计者为了让建造的房屋能最大限度地发挥保温作用，以抵御住南极的寒冷天气，还设计了塑料的螺栓，这些螺栓起到了更好的固定作用。长城站有各种建筑 25 座，包括了办公楼、宿舍楼、医务文体楼、气象楼、通信楼和科研楼等 7 座主体房屋，还有一些科学用房和后勤用房。在全体队员的努力下，1985 年 2 月 20 日，长城站正式落成。中国第一次建立南极科考站就创造了南极建站的最快速度，45 天就完成了长城站的建立。

阳　阳：哇！太棒了！那长城站建完之后都开展了哪些工作呢？

爷　爷：建立科考站最根本的目的是进行科研活动。科研人员在这里设立了我国第一个南极天文观测站、第一个南极气象站等，在这里可以从事气象观测、卫星多普勒观测、固体潮观测、地磁绝对值观测、高空大气物理观测、地震观测等，还可以进行海洋生物、地质、无线电波传播、地球物理和微机等相关科学研究。

科　科：那么科学家在进行科考的同时，生活是如何得到保障的呢？

爷　爷：科科这个问题问得很细心啊！没错，要想取得良好的科研成果，创造一个便利的生活环境非常重要。南极站配备了健全便利的生活设施，站内装有全自动冷热水供应系统，保证了大家的用水。不同于站外寒冷的天气，站内有电热器将温度始终保持在 16~20 ℃。为了保障站区 24 小时不间断供电，电站里安装了 3 台柴油发电机组。长城站内还设有邮局，方便队员们进行信件、包裹等的邮寄；还有医疗保健室，有专业的医师为队员们检查身体、治疗疾病。为了丰富队员们的业余生活，站内还准备了音像室、健身房、乒乓球室、台球室等，让大家在繁忙的工作之余增添一些乐趣。

考考你

我国的第一个南极考察站是哪个？

A. 长城站　B. 中山站

C. 昆仑站　D. 泰山站

2

我国目前最大的
科考站——中山站

爷　爷：我国虽然在南极建成了长城站，但是要说在南极大陆上建立的第一个科学考察站，那还数 1989 年中国政府在东南极大陆的拉斯曼丘陵建成的中国南极中山科学考察站。

科　科：中山站为什么要建在东南极大陆的拉斯曼丘陵？

爷　爷：1988 年 10 月初，我国政府派遣了先遣队随澳大利亚"冰鸟号"考察船赴南极进行预选站区的环境勘查，在对拉斯曼丘陵地区进行地理环境、自然条件、淡水水源和地形的实地勘查后，发现这一地区易于登陆，淡水资源充足，在此地建站也可以方便后期向南极内陆科考进发。

阳　阳：那么中山站又是怎么建起来的呢？

科　科：1988 年 11 月 20 日至次年 4 月 10 日，国家南极委员会在派出了先遣队之后，组织了中国首支东南极科考队赴东南极大陆进行科学考察，这次考察的主要任务就是在东南极大陆建立中国南极中山站，并计划在中山站实现首次越冬和冬季科学考察。然而，科考队员们建立中山站的过程也不是一帆风顺的。

阳　阳：他们中途遇到了什么危险吗?

爷　爷：是的。1988 年 12 月 21 日，肩负着中山站建站任
务的科考队员们乘坐"极地号"前往南极，途中

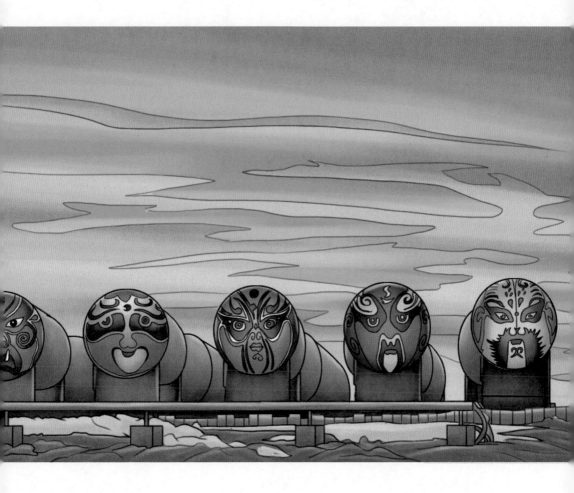

却遭遇了好几次罕见的大面积冰崩，"极地号"被困在冰海中寸步难行。大约过了一个礼拜，冰情意外地发生了变化，位于考察船前方的两座冰山因为移动速度差异出现了一条狭窄的水道，科考队员们抓住机会冒险冲出了水道，终于结束了被困冰区的危险局面。

阳 阳：哇！太惊险了，离开了冰区就可以建站了吧？

爷 爷：是这样的！但由于在冰区中耽误了太久的时间彻底打乱了科考队员们一开始制订的计划，他们错过了南极暖季的宝贵时间，尽管大家在剩下的日子里争分夺秒、加紧赶工，但当大批队员撤离时留给越冬队员的也只是几个没有任何内部装修的空房子。

科 科：队员们也太辛苦了，不仅要进行科学考察，还要负责施工啊！

爷 爷：是啊！由于缺乏经验，当时初到南极的中国科考队员们在越冬时留下了非常悲惨的记忆。

科 科：现在呢？现在的条件是不是好了很多？

爷 爷：如今，经过了好几十年的发展，我国的南极越冬队无论是考察站的设施还是后勤补给方面，都已经达到了国际先进水平。之前提到过，在南极建立常年考察站，解决发电的问题十分重要。发电机作为考察站的心脏，可以解决整个站区的取暖问题，也可以保障全站的设备运转，所以，队员们必须确保发电机能 24 小时不间断地进行电力输出。

科 科：那发电机是怎么进行保障的呢？效果怎么样？

爷 爷：这里的发电机组由主机和备用机组构成，可以保障机组瞬时并网，从而解决换机停电的问题。每年冬季，中山站消耗在发电上的油料超过 200 吨，即使是这样，对于一个南极考察站来说，冬季还是会经常出现用电困难的情况。有时突然遇到强降温天气，考察站的上下水管道面临着冻裂、冻堵的情况，这样一来，发电机组冷却的水循环系统就会失去作用，从而造成发电机死机甚至产生机械故障，影响整个站区的取暖和照明。恶劣的天气不仅影响了发电机的运行，对科考队员们的日常科学观测也造成了很大的困扰。

阳 阳：有哪些困扰呢？

科 科：这个问题我知道一点。早期的南极气象观测还没有达到自动观测的水平，这就要求负责气象观测的队员必须每天 4 次准时到室外气象站抄录数据。

这其中就会发生很多意外，比如，大风天气的风速达 40 米 / 秒，考察队员们手中用来记录的笔记本被大风吹走无迹可寻。这样一下子就失去了一个星期的记录。后来他们想到了办法，直接用笔写在手上，或者利用对讲机，一个人观测一个人在室内记录。回想起来，这些都是科考队员们汗水与泪水交织的经验啊！

科　科：科考队员们在中山站的日常生活怎么样？

爷　爷：中山站经过多次扩建，目前也形成了一定的规模。和长城站相比，中山站由于船来得少，物资的补给明显不如长城站方便。在这里，物资采取按需分配的"共产主义"原则，队里的物资由管理员统一免费配发。除此之外，队员们的宿舍内还配备了多功能软床、写字台、沙发、衣柜等，站内的全自动冷热水供水系统，可以供队员们随时洗澡……可以说，中山站的生活设施还是很齐全的，可以满足队员们的生活需要。

阳　阳：那中山站主要开展哪些科学考察呢？

爷　爷：中山站设立了多种类型的实验室，并配备了相应的观测分析设备，比如 GPS 观测室、天文臭氧观测室、地震地磁绝对值观测室、高空大气物理观

测室、固体潮观测室等。考察队员们在中山站全年进行的常规观测项目包含了电离层、高层大气物理、大气化学、地磁、固体潮、臭氧和 GPS 联测等，夏季则主要开展生物、地质、冰川和人体医学等观测。

考考你 中山站的站址位于哪里？

A. 乔治王岛

B. 拉斯曼丘陵

C. 冰穹 A 地区

D. 罗斯海湾

3 我国第一个南极内陆科考站——昆仑站

爷　爷：中国在南极建立的第三个科考站是昆仑站，这也是中国在南极内陆地区建立的第一个考察站。它位于南极大陆的冰盖腹地，也是南极大陆冰盖的海拔最高点，被称为"人类不可接近之极"。

阳　阳：既然已经有了长城站和中山站，中国为什么还要再建一个昆仑站呢？

爷　爷：这还得追溯到 20 世纪 90 年代，德国不来梅南极研究科学委员会（SCAR）第一次会议上提出国际横穿南极科学计划。这个计划把南极冰盖按照大致网格的形式划分成 17 条路线，每条路线由一个考察队负责，中国科考队成功争取到中山站到南极大陆冰盖海拔最高点冰穹 A 的考察之路。如果能在冰穹 A 建立科考站，对中国南极地区的科学研究和未来发展具有极高的战略意义，也会给中国成为国际上首个从地面进入该区域展开科学考察活动的国家这一定论增添更多的说服力。

科　科：冰穹 A 地区的自然环境如此恶劣，昆仑站是怎么

建立起来的呢？

爷　爷：昆仑站的建立，是一段充满了冒险精神的历史。1997 年中国首次进行南极内陆考察，初始记录是 300 千米，第二年前进至 464 千米，再到 800 千米，中国科考队员们不断积累着攀登的距离。然而，南极内陆考察考验的不仅仅是勇气和意志，还有科学的计划和现代化的后勤保障能力。1998 年，中国科考队已经行进到距离冰穹 A 只剩最后 300 千米的地方，但是由于后勤保障的不足错过了登顶的机会。科考队员们始终没有放弃，直至 2005 年，中国第 21 次南极科考队历经重重艰险，终于抵达南极内陆冰盖核心区域，并成功登顶冰穹 A 北高点。

科　科：队员们登顶了之后就开始建立昆仑站了吗？

爷　爷：在成功登顶冰穹 A 之后，中国政府派出了 17 名队员前往昆仑站的站址，开展建站前的准备工作。在南极内陆开展科学研究，卡特彼勒雪地牵引车是必不可少的交通工具。2007 年，中国政府专门为建设昆仑站采购了 5 台这种雪地车。前往站址考察的队员们面临的第一个任务，就是把其中的 4 台运上中山站。

MT865
卡特彼勒挑战者雪地车

车长 6.754 米,
宽 3.579 米,
高 3.657 米,
自重 23 吨,
最高行驶速度 25 千米／时,
额定功率 416 马力, 排量 15.8 升。

阳　阳：冰面有裂纹，这个车又这么重，队员们是怎么运上去的呢？

爷　爷：队员们想了很多办法，比如在雪地上铺设木板来减少出现冰面断裂和塌陷的情况。18 名来自不同岗位的考察队员组成"敢死队"执行这次充满危机的冒险行动。他们要战胜的最大困难就是两条 60 厘米左右的冰裂隙，其中一条是潮汐缝。队员们把长 6 米、厚 6 厘米、宽 40~50 厘米的跳板按照雪地车的履带宽度横架在潮汐裂缝上，临时铺设了一个木桥，冒着掉下冰面的危险将卡特彼勒雪地车开过了裂缝。

科　科：太棒了！那接下来就开始正式建立昆仑站了吗？

爷　爷：是的。2008 年中国第 25 次南极科考，以大型运输工具卡特彼勒车和数量众多的雪橇为主组成了浩大的运输队，经过漫长颠簸终于到达冰穹 A，同时抵达的还有 500 吨以上建设物资和 28 名科考队员。与其他考察站大多建立在南极大陆边缘地区不同，位居内陆的昆仑站矗立在毫无寸土的冰盖上。它的整个建筑基础、钢结构，包括上部结构完全建在 3000 多米厚的冰层上。极度的寒冷让施工队面临诸多困境，首先面对的就是材料变性，尽管建站用的电线、电缆全是由抗低温硅胶材料经特殊制造而成的，折断破裂现象还时有发生。前期为解决运输问题，部分采用预制加现场组装的方式。极度的寒冷和缺氧抑制了人的行动，施工队员为了抵御寒冷所采取的防护措施又常常拖慢了施工进度。面对施工的压力和酷寒，队员们的手、鼻子、脸都遭遇了不同程度的冻伤，但最终还是赶在撤离日期前完成了建站工作。

阳 阳：昆仑站和中山站、长城站相比有什么不一样的地方呢？

爷 爷：冰穹 A 作为南极"冰盖之巅"，具有极高的科研价值，这里的观测指标对全球气候变化研究非常有说服力。同时，冰穹 A 地区具备地球上最好的大气透明度和大气视宁度（天文望远镜显示图像的清晰度），有 3~4 个月的连续观测机会，被国际天文界公认为地球上最好的天文台址。此外，在这个区域最有可能找到地球上最古老的冰芯。

科 科：科考队员们建立昆仑站的过程太艰难了！

爷 爷：是啊，这也彰显着我们中华民族"爱国、求实、创新、拼搏"的南极精神，激励着一代又一代中华儿女在战胜艰险的道路上奋力拼搏！

考考你 中国南极科考队第一次登顶冰穹 A 北高点是什么时候？

A. 20 世纪 90 年代

B. 1997 年

C. 1998 年

D. 2005 年

4

我国南极科考的
中转站——泰山站

爷 爷：中国在南极建立的
第四座科考站，叫"泰山站"。
它于 2014 年 1 月 3 日完成
主体封顶，2 月 8 日正式建
成开站。

科 科：泰山？这不是一座
山的名字吗？为什么会被
用来命名科考站呢？

爷 爷：这个问题问得很好。泰山作为五岳之首，在国内
和国际上享有极高的知名度。"泰山站"也是上
次我国南极内陆站在全国征名中得票数仅次于
"昆仑站"的名字，它寓意坚实、稳固、庄严、
国泰民安等，代表了中华民族巍然屹立于世界民
族之林的含义。

阳 阳：泰山站建在哪里呢？

爷 爷：泰山站位于中山站与昆仑站之间的伊丽莎白公主
地，距离中山站大约 520 千米，在海拔高度上与
昆仑站遥相呼应，是一座可进行南极内陆考察的
夏季站。这里年平均气温 $-36.6\ ℃$，可以满足 20
人度夏考察生活，总建筑面积 1000 平方米，使用
寿命 15 年，还配有固定翼飞机冰雪跑道。它既

东经76°58'

中山站

泰山站

南纬73°51'

昆仑站

长城站

泰山站位置图

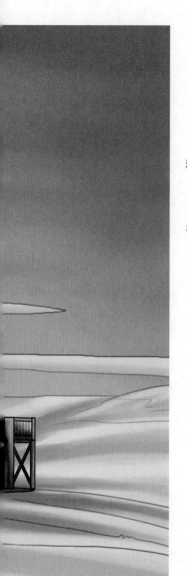

能成为昆仑站科学考察的前沿支撑，又能覆盖格罗夫山等南极关键科考区域，是我国南极内陆考察的中转站。

科 科：除了中转的功能，泰山站还具有哪些用途呢？

爷 爷：泰山站的定位之一是中转枢纽站。因为中山站、长城站位于南极内陆之外，与南极内陆冰盖最高点的昆仑站距离遥远，物资运输不方便。在中山站和昆仑站之间建立泰山站，对进一步保障南极内陆冰盖地区的科考有重要作用。同时，该站的建立对进一步研究南极大陆的气候变化、冰川变化，以及对南极大陆的遥感测绘有重要作用。目前，泰山站主要开展冰川和气象学观测、空间物理学观测，并配置与以上观测系统相匹配的远程通信遥控自动供电系统。由于泰山站是夏季站，这样一来就可以实现部分设备在冬季无人值守的情况下连续运行。我国在南极建立的 4 个科考站中，长城站、中山站为常年站，昆仑站是夏季站，但未来也将建设为常年站。到那个时候，泰山站将成为唯一的夏季站。

科 科：听说夏季站食宿环境都比较简陋，那泰山站上的生活设施怎么样？

爷 爷：通常来说，常年科考站因为全年有人开展科考工作，生活资料、科考资源储备丰富，可保障科考人员像在家一样工作生活。而夏季站只在夏季有科考人员工作，生活设施使用时间短，闲置时间长，需要很高成本。不过，泰山站也设置了简易的洗澡装置，配备了专门的厨房，具备开伙条件，但并不像常年站那样可以随意烹饪食物，主要还是对食品进行简单地加热。此外，泰山站的设备运转上尽可能地减少对环境的污染，它主要利用太阳能、风力发电系统来提供能量，回收发电设备产生的废热，为工作站所有的居住区域提供采暖，为生活用水系统融化积雪，可以给考察站的深钻井融雪。利用排气系统的热回收，来预热通风系统外面的空气。

阳　阳：泰山站的外形看起来好像一个外星飞船啊，这是
　　　　为什么呢？

爷　爷：和"哈雷6号"的原理相似，泰山站具有圆环形
　　　　外表、碟形结构和高架设计，主要是因为采用这
　　　　样的环形结构会使视野更加开阔，减少风阻。此
　　　　外，冬季时南极内陆经常刮8~10级大风，主体
　　　　建筑架空离地，可以避免考察站在迎风的一面出
　　　　现飞雪堆积甚至被掩埋。

考考你

泰山站属于什么类型的科考站？

A. 常年科学考察站

B. 夏季科学考察站

C. 冬季科学考察站

D. 无人自动观测站

5

我国南极科考的
下一站——罗斯海新站

爷　爷: 除了已经建成的 4 个南极科学考察站，我国正在建立第 5 个南极科考站——罗斯海新站。2018 年 2 月 7 日，罗斯海新站在恩克斯堡岛正式选址奠基。

科　科: 为什么要在这里建新站呢?

爷　爷: 罗斯海新站位于南极三大湾系之一的罗斯海区域沿岸，面向太平洋扇区。这里是南极地区岩石圈、冰冻圈、生物圈、大气圈等典型自然地理单元集中相互作用的区域，具有重要的科研价值。截至 2018 年 2 月，已有美、新、意、俄等 6 个国家在此区域建设了 7 个考察站，国际上也在罗斯海区域选划设立了南极最大的海洋保护区。可以说，这个区域既是南极考察与研究历史最长又是南极国际治理的热点区域。我国在此区域建站，体现了我国积极参与极地全球治理、构建人类命运共同体的理念，也踏上了新时代南极工作的新征程。

阳　阳: 那么，罗斯海新站建成后会具备哪些功能呢?

爷　爷：按计划来说，建成后的罗斯海新站将具备在这个区域开展地质、气象、陨石、海洋、生物、大气、冰川、地震、地磁、遥感、空间物理等科学调查的保障条件；也可满足度夏、越冬的管理，科考、后勤支撑人员的长期生活、工作、医疗的需求；具备数据传送、远程实时监控和卫星通信、保障固定翼飞机和直升机作业等功能，成为中国"功能完整、设备先进、低碳环保、安全可靠、国际领先、人文创新"的现代化南极考察站。

考考你

罗斯海新站是我国第几座南极科考站？

A. 第三座

B. 第四座

C. 第五座

D. 第六座

长大以后"去南极"：
南极科考的未来之路

新学期开学了。和往年不同，今年阳阳的学校开设了各式各样的课后兴趣小组，有关于自然环境保护的，有关于野生动植物保护的，还有一些体育锻炼活动来丰富同学们的课余生活。阳阳回到家征求爷爷和哥哥的意见，爷爷笑眯眯地说："这就要看你自己对什么感兴趣了啊。"阳阳有些不好意思地挠了挠自己的小脑袋，并说道："我想长大以后去南极保护企鹅！"爷爷听完，意味深长地说："想要去南极，光参加兴趣小组可不够，你们要努力的地方可多着呢！"

1

主权纷争与

《南极条约》

阳　阳：爷爷，您给我们讲讲我们还需要了解哪些知识吧！

爷　爷：那我们从最早的南极纷争开始说起吧。随着对南极考察的不断深入，各个国家越来越不满足于仅仅在南极地区开展科学研究，纷纷对南极领土提出要求。1908 年，英国宣布对包括南极半岛在内的扇形地块及其水域拥有主权，此后澳大

利亚、新西兰、法国、智利、阿根廷、挪威先后
对南极提出领土主权的要求。这些国家之间有的
相互承认对方的领土要求，有的因为要求的领土
相互重叠而纷争不断，美国和苏联则概不承认任
何国家对南极的领土要求，同时保留自己对南极
提出领土要求的权利。

科　科：那最后南极的领土被划分给哪些国家了呢？

爷　爷：虽然这些国家在南极大陆提出了各式各样的领土
主权要求，但就整个国际社会而言，这些主权要
求并没有得到这 7 个国家之外任何国家的承认，
所以南极的领土主权仍然处于主权归属未定状
态。为了解决这种主权纷争的混乱局面，急需一
个可行的方案，《南极条约》就在这个背景下被
提出。1961 年生效的《南极条约》规定：禁止对
南极提出新的领土主权要求；禁止扩大原来的领
土主权要求，不得为提出领土主权要求而创造新
的基础。这实际上冻结了对南极的领土主权要求，
不承认也不否认各国对南极的领土主权要求，并
鼓励南极科学考察中的国际合作。

阳　阳：除了对领土主权做了一些规定，《南极条约》还
有哪些内容呢？

爷 爷:《南极条约》还是关于南极洲的法律地位和规范各国在南极洲的活动行为的一项基本法。它包括序言、14 项条款和最后议定书。其主要内容有：

- 为了全人类的利益，南极洲永远继续专用于和平目的，且不成为国际纷争的场所和对象；
- 禁止在条约区从事任何带有军事性质的活动，禁止在南极进行核爆炸和处理放射性废物；
- 促进南极科学研究的合作与信息交流；
- 不承认也不否认任何其他国家在南极的领土主权要求及其所依据的立场；
- 在本条约生效期间不得提出新的领土主权要求，不得扩大现有的要求，也不得创立任何领土主权的基础；
- 各协商国都有权派代表到其他南极考察站上视察；
- 对南极重大事务决策实行协商一致的原则；
- 各国派往南极的人员在南极期间的一切行为，应只受他们所属的缔约一方的管辖；
- 本条约适用于南纬 60° 以南的所有地区，包括冰架。

科 科: 爷爷，我记得您之前说过，我们国家在 1983 年成为《南极条约》的缔约国, 那它的成员国有哪些呢?

爷　爷：1957~1958 年国际地球物理年期间，来自阿根廷、澳大利亚、比利时等 12 个国家的 1000 多名科学家奔赴南极开展科学考察，并进行了广泛而有效的合作。在国际地球物理年结束后，这 12 个国家经历了 60 多轮谈判，于 1959 年 12 月 1 日签署了《南极条约》，美国成为《南极条约》的保存国政府。此后，又有 32 个国家先后加入了《南极条约》，其中 16 个加入国由于在南极开展了实质性的研究活动而成为《南极条约》协商国，进而有权参加《南极条约》协商国会议，并有权参与南极重大事务的决策。另外 16 个非协商国成员国可应邀出席《南极条约》协商国会议，但没有表决权。我们中国在 1983 年 6 月成为《南极条约》的成员国之后，同年 10 月成为《南极条约》的协商国。

阳　阳：这么说来，成为《南极条约》的协商国地位很重要啰？

爷　爷：没错，这也是《南极条约》和其他国际条约最大的区别。除了条约签订时的 12 个原始缔约国，其他后来加入的缔约国要按照条约的规定，在南极进行了实质性科学考察活动后，经过特别协商会议讨论，才能决定是否授予其协商国的资格，是否有权派出正式代表参加协商会议，是否能参与南极重大事务的讨论。

科　科：那么，《南极条约》的协商国都为南极做出了哪些贡献呢？

爷　爷：自《南极条约》生效以来，保护南极地区的自然环境一直是《南极条约》协商国每次会议讨论的重点议题。他们围绕《南极条约》制定了一系列补充体系制止了很多破坏南极生态环境和资源的行为，这个体系包括了：《南极条约》《关于环境保护的南极条约议定书》《南极海豹保护公约》《南极海洋生物资源保护公约》等。这个体系为阻止各国对南极资源的滥采滥伐，保护南极生态环境，维护南极科考秩序，促进人类未来合理开发利用南极做出了极大贡献。

考考你

中国在《南极条约》中扮演什么角色？

A. 原始缔约国

B. 协商国

C. 非协商国

2

南极环保靠大家

爷 爷：即使《南极条约》维护了各国在南极的科考秩序，南极还是面临着许多的危机，保护南极刻不容缓啊！

阳 阳：危机？南极都面临着哪些危机呢？

爷 爷：大气中的臭氧能够吸收太阳光中危害生命的紫外线，保护地球上的生物。之前我们提到过，英国科学家首次在南极上空发现臭氧空洞现象，引起了全世界的轰动。根据科学家的观测，南极地区每年 8 月下旬至 9 月下旬，在 20 千米高度的上空臭氧量逐渐减少，到 10 月初时形成最大的空洞。1998 年科学家发现空洞的面积达到了 2700 万平方千米，覆盖了整个南极大陆和南美洲的南端。

科 科：这样的臭氧空洞有什么危害吗？

爷 爷：臭氧空洞的出现，使得太阳紫外线辐射可以毫无阻隔地直接射向地面，对地球上的生物产生极大的影响。比如，臭氧每减少 1%，患黑色素癌的皮肤癌患者将增加 4%~6%；强烈的紫外线还可以穿透海洋 10~30 米，使海洋浮游植物的初级生产

力降低四分之三，抑制浮游动物的生长，从而对南大洋的生态系统产生破坏。

阳　阳：为什么会形成臭氧空洞呢？

爷　爷：科学研究表明，人类生产生活中被用来作为制冷剂和雾化剂的氟利昂，是产生南极臭氧空洞的重要因素。氟利昂在高层大气中经紫外线分解成氯原子，氯原子会使臭氧分解。南极上空 20 千米的高度，每年冬季都会出现极地涡动，在极夜时节平流层距地面较近的部分气温最低可达 −85 ℃，这种低温会生成冰晶云，云中含氯和溴的化合物会转换成对臭氧有催化性破坏力的化合物，使大量的臭氧被分解，而南极封闭的大气环流系统让被分解掉的臭氧不能够及时得到补充，就形成了臭氧空洞。除了臭氧空洞，南极地区还面临南大洋酸化的问题。

科　科：南大洋酸化？这又是怎么回事？

爷　爷：海洋吸收空气中的二氧化碳，导致地球表层海水碳酸盐浓度和 pH 持续下降，这被称为海洋酸化。pH 和文石饱和度通常被用来作为衡量海水酸化的指标，当海水文石饱和度低于 1 时，即为腐蚀性海水，碳酸钙将会被溶解。南大洋的二氧化碳吸收量占海洋对人为二氧化碳吸收量的 30%~40%，因此，它的酸化问题较全球其他海域尤为突出。科学家对这一海域做过预测，结果显示南大洋将在 2038 年海水二氧化碳分压达到 450 微克／毫升时开始出现腐蚀性海水，到 2100 年腐蚀性海水将进一步扩展到整个南大洋。

阳　阳: 海水的酸化对南极地区的生物有没有影响呢?

平流层

紫外线

氧原子　臭氧　　氯原子　　　　　　　　　反复反应　臭氧层

氧分子　　　　　　　　　氧化氯

有害紫外线

氯氟烃随大气流上升，在平流层中受紫外线照射，发生分解，产生氯原子，氯原子可引发损耗臭氧层的反应。

爷　爷：海洋酸化一方面直接对海洋生物的生理过程产生影响，另一方面对海洋的生态也产生间接影响。比如，酸化会导致海洋里的珊瑚、浮游植物和甲壳类等生物合成骨架和外壳所必需的碳酸根离子减少，同时也会导致文石饱和度减小，直接影响海洋生物的钙化过程。这些变化将对以钙类生物为基础的生态系统产生很大影响，甚至可能会使生态系统崩溃，导致大量生物数量急剧减少甚至消失，对于整个南极地区乃至地球来说也将是一场灾难。

科　科：既然南极地区面临着如此紧迫的危机，人类有没有采取什么措施来对它进行保护呢？

爷　爷：南极臭氧层空洞的出现引起了国际社会的广泛关注，各国也纷纷采用替代产品来减少和限制对氟利昂的使用。在南大洋的保护问题上，各国也纷纷行动起来。2016 年 10 月 28 日，来自 24 个国家和地区以及欧盟的代表决定在南极罗斯海地区设立海洋保护区。这是全球最大的海洋保护区，面积约 157 万平方千米，其中，约 112 万平方千米被设为禁渔区，禁止捕鱼 35 年。此外，对南极地区的垃圾和废弃物的处理也得到了各国的重视，我们中国的科考队员们在这一点上做得非常出色！

阳　阳：他们是怎么做的呢？

爷　爷：就拿长城站和中山站来说吧。考察站定期组织队员对站区进行清扫，检查环境保护工作。站上产生的垃圾，像废纸、木板以及一些可燃生活垃圾，可以利用焚烧炉高温焚烧。对于站上不具备处理条件的一些废弃物，比如塑料、玻璃等，尽量减少体积随船运回国处理。对于一些生活污水，也是进行生化处理达标后才排入海中的。

考考你

产生南极臭氧空洞的重要因素是什么？

A. 氟利昂　B. 二氧化碳

C. 碳酸钙　D. 环境污染

3

"去南极"要学习哪些知识？

阳 阳：爷爷，要想去南极科考，我们从小需要学好哪些知识呢？

爷 爷：从学科的角度来看，南极科考目前涉及的学科有：地质学、地理学、大气物理学、固体地球物理学、测绘与制图学、海洋学、冰川学、气象学、行星质学、生物学、人体医学、天文学以及环境科学等。随着科技的发展，越来越多的高新技术也被运用到南极科考中。

科 科：爷爷，您能详细说说这些学科主要是做哪些研究的吗？

爷 爷：好呀，就先从地质学说起吧。地质学一直是南极考察的前沿学科，它包括了基础地质调查、地质理论研究和矿产资源的调查。科学家们来到南极，必定会对南极地区的岩石种类、地层年龄、构造类型、矿产资源及能源等进行考察。根据考察的结果，可以推测这个地区的地质演化历史。除此之外，还有一些地质理论方面的问题值得关注，比如，南极大陆曾经是古冈瓦纳大陆的核心，后来板块发生分裂，漂移再重新聚合后形成如今的地球海陆格局，那么这一切是如何发生的呢？作为地质学的分支学科——冰川学，也是南极考察最活跃的学科。南极地区拥有世界上独一无二的巨大冰盖，冰川学家们在此钻取冰芯，通过分析不同年龄冰芯里的氢同位素、氧同位素、二氧化碳、大气尘等，来确定当时的全球平均气温、大气成分、降水量等诸多环境要素。

阳　阳：地理学和地质学研究的重点是一样的吗？

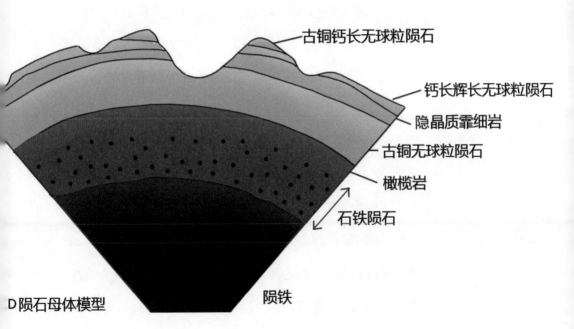

古铜钙长无球粒陨石

钙长辉长无球粒陨石

隐晶质霏细岩

古铜无球粒陨石

橄榄岩

石铁陨石

D陨石母体模型　　　　　　　　　　陨铁

爷　爷：南极的地理学研究考察的重点是描述末次冰期以来的自然环境变化过程，尤其是气候变化及其带来的一系列后果。之前我们提到过，南极地区是地球上地质、地貌化石等保存较完好的地区之一，科学家们通过对这一地区的地貌特征、海平面变化的遗迹、内陆湖泊及潮间带沉积物的考察，配合同位素年代测定，可以获得该地区一万年来的古环境及相应的生态特点。

科　科：那么，对陨石的研究需要哪些学科知识呢？

爷　爷：对南极陨石的研究，属于行星质学的研究范畴。在南极地区发现的陨石数量是全世界其他地方发现陨石总数的 1.5 倍，而且南极陨石由于独特的储存环境，呈弱氧化、少污染的特点，也不与地表岩石相混合，具有很高的研究价值。科学家通过对陨石中的成分进行分析，能够获得很多来自外太空的信息。比如，科学家们曾在一些碳质陨石中发现了氨基酸，虽然结构上与地球上的氨基酸略有不同，但这无疑暗示了太空中有些星球上可能存在生命。

阳　阳：太棒了！那么运用物理学能在南极研究什么呢？

爷　爷：物理学在南极的科考研究中涉及的方面就更广泛

了，几乎所有的南极常年考察站都在进行固体地球物理研究，主要包括地磁、天然地震和人工地震、重力、大地电磁等。南极地区位于地球磁场的极区，拥有广阔的大陆架，因此可以建设永久性大型仪器设备，是进行地磁观测和研究的最佳场所。南极半岛北段至斯科舍岛弧地区是进行天然地震观测的主要地点，目的是了解现代板块运动学特征。

科　科：哇！这也太厉害了吧！

爷　爷：不止于此，除了固体地球物理学，南极地区的大气物理学也很有特色。随着世界各国对太空领域的关注，日地空间物理得到了快速发展，科学家们越来越意识到日地整体行为、大气环境和人类生存条件之间的密切相关性，大气物理研究也逐渐成为南极科学考察中投资最多、规模最大的学科，对它的研究主要包括极光、哨声、电离层、宇宙线、甚低频和臭氧层等。

阳　阳：爷爷，那还有哪些比较重要的学科研究呢？

爷　爷：南大洋的海洋学调查在南极科考中也占据着举足轻重的地位。南大洋拥有丰富的生物资源，是全球最大的二氧化碳吸收区，独特的环极洋流以及大量海冰、冰山的存在都对整个地球环境和人类的生存至关重要，也决定着对这一地区深入考察的必要性。对南极地区海洋的温度历史、盐度分布、洋流、潮汐、动植物、碳循环和环境监测等都是考察的重点。

阳　阳：我觉得海洋学的研究太有趣了！

科　科：我比较喜欢大气物理学的研究内容！

爷　爷：你们都很棒。既然你们已经了解了这么多南极科考的研究内容，那从现在开始就要好好努力，学习这些需要掌握的学科知识，争取长大以后去南极，为我们国家的南极科考贡献自己的一份力量啊！

对南极陨石的研究，属于什么学的研究范畴？

A. 气象学　B. 地质学

C. 生物学　D. 行星质学

考考你

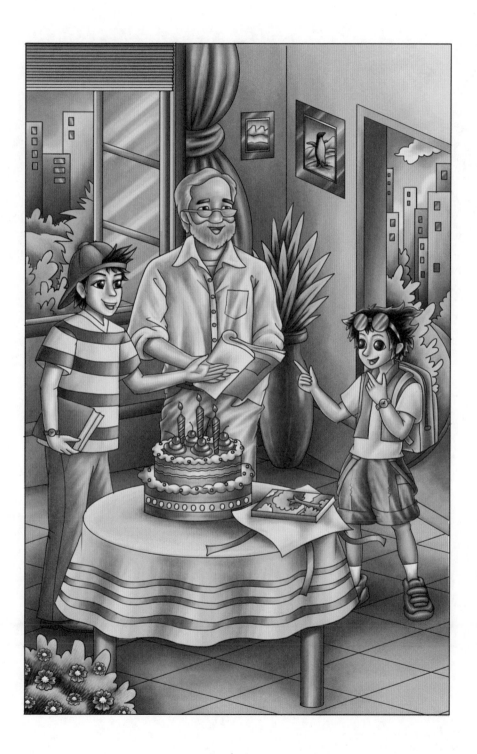

4

身心强健很重要

爷　爷：我们都知道，南极地区的生存环境和地球上其他地区相比有很大的不同，现有的研究结果显示，南极环境会导致人体的免疫力下降、血压降低，还会引起失眠、反应力下降等情况。

科　科：为什么会引起免疫力下降、血压降低呢？

爷　爷：因为南极是一个超净的世界，所谓的"超净"，就是指南极几乎没有致病的细菌和病毒，人类如果长时间生活在这种无菌条件下，身体的免疫功能会降低。比如，很多考察队员在南极几乎从不生病，但一回到国内，就会患重感冒，便是这个原因。就目前的观测而言，血压降低的现象在原本血压偏高的人身上更明显，但是造成这种变化的原因尚待查明。除了对生理的影响，南极的生活环境对科考队员心理产生的影响也不容忽视。

阳　阳：心理影响？这是什么原因呢？

爷　爷：如果说得夸张一点，南极科考队员的生活环境类似于宇航员，他们长期生活在与现代文明隔绝的环境里，生活方式和内容单调枯燥，外部自然环境恶劣。多年来，各国都存在一些科考队员，尤其是越冬队员的心理有异常变化，他们中有的失眠，有的食欲减退或者出现脑功能减退，性情上也更容易冲动和急躁，医学和心理学家把这种现象称为"南极综合征"，也叫"南极病"。这种病症是对环境突变时出现的应激反应，同时这种反应不仅仅与环境相关，更与个人的心理素质、性格等存在直接关联。这也提醒我们将来如果打算去南极进行科考工作，在增强身体素质的同时，更要从小练就强大的心理素质。

科　科：有哪些办法可以增强科考队员的身体素质呢？

爷　爷：我国的科考队员在准备赴南极考察时，必须在国家专门的训练基地接受一系列强化训练。这个基地建在黑龙江省尚志市的亚布力滑雪场。这个滑雪场是我国目前最大的、条件最好的高山滑雪场，曾成功举办过亚洲冬季运动会的所有雪上比赛项目。自1986年3月，我国第三次南极考察队首次在这里进行冬季训练后，之后每次考察队出发前

均在此进行冬训。

阳 阳：那队员们在这里是怎么进行训练的呢？

爷 爷：滑雪场内建有 3000 多米长的越野滑雪道，高度差

为 840 米，队员们在此进行滑雪和山上训练。和

在南极一样，这里也准备了专门的帐篷、睡袋、

登山器材、滑雪板、冰镐、绳子、对讲机、手持

卫星定位仪等供队员们训练使用。每年的冬季，

是考察队员训练最重要的时间段，队员们在此了

解南极自然地理概况、中国南极考察概况和本次

考察的主要任务，并进行大量野外实践训练，比如，滑雪、雪中登山、位置确定和方向识别等。除此之外，训练的内容还包括如何在帐篷中露宿，如何在极寒的环境下工作，如何巧妙应对南极常见的环境问题等。

阳　阳：科考队员们真是太厉害了，简直是文武双全啊！

科　科：是啊，他们是我们学习的好榜样！

爷　爷：孩子们，要想长大以后成为一名优秀的南极科考队员，我们不仅从小要努力学习科学文化知识，还要加强身体和心理素质的锻炼，这样才能成功啊！

进行南极科考什么最重要？

A. 学好科学文化知识

B. 增强体质

C. 锻炼心理素质

D. 以上都重要 ＿＿＿＿＿

考考你

关键词

物理关键词

1. **极光**：一种绚丽多彩的等离子体现象，其发生是由于太阳带电粒子流（太阳风）进入地球磁场，使夜间地球南北两极附近地区的高空中出现灿烂美丽的光辉。这种现象在南极被称为南极光，在北极被称为北极光。地球的极光是由来自地球磁层或太阳的高能带电粒子流（太阳风）激发（或电离）高层大气分子或原子而产生的。极光常常出现于纬度靠近地磁极地区上空，一般呈带状、弧状、幕状、放射状，这些形状有时稳定，有时连续变化。极光产生的条件有三个：大气、磁场、高能带电粒子。

2. **地磁风暴**：地球的磁场是由地球核心中液态的铁元素的运动产生的，而太阳活动则会释放大量的带电粒子，这些粒子会随着太阳风进入地球磁层，并与磁层中的电子和离子相互作用。这种相互作用会导致磁场的扰动和变化，从而形成地磁风暴。地磁风暴会对地球上的许多基础设施造成影响：在电力网方面，地磁风暴可能导致电力系统中的变压器损坏，从而影响电力供应；在卫星通信方面，地磁风暴可能会干扰卫星的通信信号，从而影响卫星导航和气象预报等方面的工作；在电子设备方面，地磁风暴可能会损坏电子设备中的电路板，从而影响设备的正常使用。

3. **冰盖**：又称大陆冰川，是覆盖着广大地区的极厚冰层的陆地（一般常见于高原地区）。覆盖面积少于5万平方千米的叫作冰原。

4. **海冰**：淡水冰晶、"卤水"和含有盐分的气泡混合体，包括来自大陆的淡水冰（冰川和河冰）和由海水直接冻结而成的咸水冰，一般多指后者。广义的海冰还包括在海洋中的河冰、冰山等。按发展阶段可分为初生冰、尼罗冰、饼冰、初期冰、一年冰和老年冰六大类；按运动状态可分为固定冰和流冰两大类。固定冰与海岸、海底或岛屿冻结在一起，能随海面升降，从海面向外延伸数米甚至数百千米。流冰漂浮在海面上，随着海面风和海流向各处移动，会影响船舰航行、危害海上建筑物。海冰在冻结和融化过程中，会引起海况的变化。

5. **《南极条约》**：1959年12月1日通过并开放给各国签字、批准和加入，1961年6月23日生效的国际条约。《南极条约》承认为了全人类的利益，南极洲永远继续专用于和平目的，且不成为国际纠纷的场所或对象；确认在南极洲进行科学调查方面的国际合作对科学知识有重大的贡献。它旨在约束各国在南极洲这块地球上唯一没有常住人口的大陆上的活动，确保各国对南极洲的尊重。该条约规定，南极洲是指南纬60°以南的所有地区，包括冰架，总面积约5200万平方千米。

6. **灶神星陨石**：又名HED陨石，属

于无球粒陨石，是三种无球粒陨石即古铜钙长无球粒陨石、钙长辉长无球粒陨石、古铜无球粒陨石的总称。灶神星陨石属于所有陨石类型中较为稀少珍贵的类型。灶神星由德国天文学家海因里希·奥伯斯于1807年3月29日发现，是小行星带被发现的第4号小行星。

7. **磷虾**：无脊椎动物，节肢动物门，甲壳纲，磷虾目，磷虾科动物的通称。全世界约有80种。体形似小虾，长1~2厘米，最大种类长约5厘米。身体透明，有球状发光器，可发出磷光。可制成虾酱，是鱼类的主要饵料之一。著名的南极磷虾分布在南极区海洋中。

8. **企鹅**：鸟纲、企鹅科所有物种的通称。有"海洋之舟"美称的企鹅是一种古老的游禽，它们很可能在地球穿上冰甲之前，就已经在南极安家落户。企鹅共有18个独立物种，体型最大的物种是帝企鹅，平均高约1.1米，质量35千克以上。企鹅的栖息地因种类和分布区域的不同而异：帝企鹅喜欢在冰架和海冰上栖息；阿德利企鹅和金图企鹅既可以在海冰上，又可以在无冰区的露岩上生活；亚南极区的企鹅，大多喜欢在无冰区的岩石上栖息，并常用石块筑巢。

9. **西风带**：又称暴风圈、盛行西风带，是行星风带之一，位于南北半球的中纬度地区，副热带高气压带与副极地低气压带之间，是赤道上空受热上升的热空气与极地上空的冷空气交汇的地带。

10. **雪龙号**：全称为雪龙号极地考察船，中国第三代极地破冰船和科学考察船，是由乌克兰赫尔松船厂在1993年3月25日完成建造的一艘维他斯·白令级破冰船。中国于1993年从乌克兰进口后按照中国需求进行改造而成。2013年底2014年初，中国破冰船"雪龙号"参与营救被困俄罗斯船只的英雄事迹被翻拍成电影。2019年1月19日，"雪龙号"在执行中国第35次南极考察任务期间，在阿蒙森海密集冰区航行中，因受浓雾影响与冰山碰撞，船首桅杆及部分舷墙受损，无人员受伤，船上设备运行正常。

11. **雪龙2号**：中国第一艘自主建造的极地科学考察破冰船，是全球第一艘采用艏艉双向破冰技术的极地科考破冰船，船体强度达到PC3级，为国际极地主流的中型破冰船型。这种破冰能力的突破直接改变了中国极地科考作业模式。2022年10月26日上午10时许，"雪龙2号"从中国极地考察国内基地码头启航，正式开启了中国第39次南极考察之行。

12. **盖亚假说**：由英国大气学家詹姆斯·洛夫洛克在20世纪60年代末提出。在这个假说中，洛夫洛克把地球比作一个自我调节的有机生命体。但这并不意味着地球是有生命的，而是说明生命体与自然环境，包括大气、海洋、极地冰盖以及我们脚下的岩石之间存在着复杂连贯的相互作用，达到一种自动平衡。

13. **暗物质**：从一种理论上提出的可能存在于宇宙中的不可见的物质，可能是宇宙物质的主要组成部分，但又不属于构成可见天体的任何一种已知的物质。

14. **冰立方中微子望远镜**：由 5000 多个探测器构成的长、宽、高各 1 千米的探测阵列，掩埋在 1.5~2.5 千米的南极冰川冰层中，是世界上最大的中微子探测器。

15. **国际地球物理年**：世界各国对地球物理现象进行联合观测的一次活动。1950 年 6 月国际无线电科学联盟在布鲁塞尔举行会议时，有些地球物理学者提议，将 50 年举行一次的国际极年观测活动改为 25 年举行一次。这一提议得到国际科学理事会等国际组织的支持，并将 1957 年 7 月 1 日至 1958 年 12 月 31 日的第三届国际极年改名为国际地球物理年（IGY），共同对南北两极、高纬度地区、赤道地区和中纬度地区进行了全球性的联合观测。国际地球物理年的组织机构是国际科学理事会下属的特别委员会，其职责是全面规划观测项目、进行技术指导和负责出版工作。国际地球物理年的科学研究内容包括气象学、地磁与地电、极光、气辉与夜光云、电离层、太阳活动、宇宙线与核子辐射、经纬度测定、冰川学、海洋学、重力测定、地震、火箭与人造卫星探测等 13 个项目。

16. **麦克默多站**：于 1956 年建成。有建筑 200 多栋，被称为"南极第一城"，是南极洲最大的科学研究中心。麦克默多站是美国南极研究规划的管理中心，也是美国其他南极考察站的综合后勤支援基地，有一座机场，可以起降大型客机，其附近还有两座小型机场。这里还建有大型海水淡化工厂、大型综合修理工厂。站内通信设施、医院、电话电报系统、俱乐部、电影院、商场一应俱全。

17. **哈雷 6 号**：是由英国设立的建在南极洲威德尔海的漂浮冰架上，用以监测南极大气变化以及太空气象的国际研究平台。"哈雷 6 号"是可移动的创新型研究站，拥有实验室、居住舱室。科学家在此可以研究气候变化、海平面升降、太空气象、臭氧洞等全球问题。

18. **中国南极长城站**：简称长城站，是中国在南极建立的第一个科学考察站，是为对南极地区进行科学考察而设立的常年性科学考察站。1984 年 12 月 31 日开工建设，位于南极洲南设得兰群岛的乔治王岛西部的菲尔德斯半岛上，东临麦克斯维尔湾中的小海湾——长城湾，湾阔水深，进出方便，背依终年积雪的山坡，水源充足。

19. **中国南极中山站**：简称中山站，是中国在南极建立的第二个科学考察站，也是中国在南极大陆上建立的第一个科学考察站，建于 1989 年 2 月 26 日，位于东南极大陆拉斯曼丘陵。中山站设有实验室，站上的气象观测场、固体潮观测室、地震地磁绝对值观测室、高空大气物理观测室等均配备有相应的科学观测设备和仪器。中国南极考察队员在中山站全年进行的常规观测项目有气象、电离层、高层大气物理、地磁和地震等。

20. **中国南极昆仑站**：简称昆仑站，于2009年1月27日胜利建成，是南极内陆冰盖最高点冰穹 A 西南方向约 7.3 千米的科学考察站，高程4087 米。这也是中国在南极建立的第三个科学考察站。由于选址在冰天雪地中，雪层会不断积累，因此该考察站考虑了年积雪速度，设计寿命为 10 年。

21. **中国南极泰山站**：简称泰山站，是我国在南极建立的第四个科学考察站，位于中山站与昆仑站之间的伊丽莎白公主地，距离中山站约 520千米，海拔高度约 2621 米，是一座南极内陆考察的度夏站，年平均气温 -36.6℃，使用寿命 15 年，配有固定翼飞机冰雪跑道。

22. **中国南极罗斯海新站**：简称罗斯海新站，是目前仍在建的中国第五个南极科学考察站，自 2018 年 2 月7 日在恩克斯堡岛正式选址奠基开工。它位于南极三大湾系之一的罗斯海区域沿岸，面向太平洋扇区，是南极地区岩石圈、冰冻圈、生物圈、大气圈等典型自然地理单元集中相互作用的区域，具有重要的科研价值。它具备数据传送，远程实时监控和卫星通信、保障固定翼飞机和直升机作业等功能，规划建成中国"功能完整、设备先进、低碳环保、安全可靠、国际领先、人文创新"的现代化南极考察站。

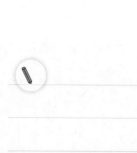

人物关键词

1. 詹姆斯·库克：英国皇家海军军官、航海家、探险家和制图师。库克在前后 12 年三次探索太平洋的经历中，走遍太平洋不少未为欧洲人所知的领域，由他命名的地方更是遍布太平洋各地。他以高超的航海技术制作了航海图，通过运用背测式测天仪或象限仪，可以在水平线上测量太阳或星宿的角度，然后再准确得出纬度；在第二次的航海旅程中，库克运用了 K1 型经线仪，这部经线仪直径 5 英寸（12.7 厘米），仿照约翰·哈里森的 H4 型钟制作，是当时航海史上一大突破。

2. 詹姆斯·克拉克·罗斯：英国南极探险家、航海家。他是第一个发现地磁北极和南极的罗斯海区域的人。1841 年，他带领英国海军部提供的两艘船"黑暗号"和"恐怖号"，第一次冒险穿越冰带，发现以他名字命名的罗斯海、罗斯陆缘冰、45~60 米高的罗斯冰障，并发现了维多利亚地、埃里伯斯火山及罗斯半岛上的泰罗火山。

3. 欧内斯特·沙克尔顿：英国南极探险家，出生于爱尔兰的基尔代尔郡。他以带领"猎人号"船 1907~1909 年向南极进发和带领"坚韧号"船 1914~1916 年南极探险的经历而闻名于世。

4. 罗阿尔德·阿蒙森：挪威极地探险家。他在探险史上获得了两个"第一"：第一个航行于西北航道；第一个到达南极点。他勇于挑战困扰航海家达 300 年之久的"西北航线"。探险家们长久以来一直意识到北美大陆以北有一条连接欧亚的航道，但是从未有任何一条船能够完成全部航程。阿蒙森率领"格约亚号"于 1903 年夏季从挪威奥斯陆峡湾出发，于 1906 年 8 月突破最后一段航线成功地完成了航行。水手们在航行过程中还收集到了宝贵的科学数据，其中最重要的是有关地磁和北磁极准确位置的观测。此外，他还收集了一些"西北航线"沿途爱斯基摩人的人种学资料。为了抢先到达南极点，阿蒙森率领挪威探险队 1911 年 10 月 19 日离开营地，穿越遍布危险的罗斯屏障。凭借着娴熟的技术和较好的运气，探险队员们登上了海伯格冰川，翻越了山脉，并最终抵达了通往南极的高原。1911 年 12 月 14 日，阿蒙森的队伍第一次在南极点上空升起挪威国旗。

5. 罗伯特·斯科特：英国海军军官、极地探险家。1900 年，他开始南极洲探险，发现并命名了"爱德华七世半岛"。1910 年，他率队从英国出发，重返南极，希望能第一个到达南极点。斯科特的五人探险队于 1912 年 1 月 18 日到达南极，但发现他的另一个竞争者——挪威人罗阿尔德·阿蒙森早一个月（1911 年 12 月 14 日）已经到达南极点。在返回南极洲边缘的路途上，他们遭遇极强的寒冷低温，五人先后遇难。斯科特及另外两人遇难时，距离最近的补给站仅约 17.7 千米，尸体连同日记在六个月后才被发现，他们遇难时还带着 20 多千克的岩石标本。

6. 理查德·伊夫林·伯德：美国海军少将、20 世纪航空先驱者、极地探险家。他是首批飞越南北两极的人之一：1926 年飞越北极，1929 年飞越南极。他获得了美国最高荣誉勋章——美国国会勋章。1928 年，伯德在南极海岸线附近的冰面上建立了小亚美利加基地，并在 1929 年 11 月乘飞机由此飞越南极，从而成为世界上第一个乘飞机到达两个极地的人。他在毛德皇后地进行了气象地理地质方面的考察后回国。1933~1935 年，伯德对南极洲进行了第二次更广泛的探测，考察并测绘了这块冰封大陆的许多地区。他的科学探险大量利用了无线电传送与空中摄影术。美国南极科学考察站——伯德站用他的名字命名。

7. 秦大河：中国冰川学家和气候学家，中国科学院院士、第三世界科学院院士，中国科学院寒区旱区环境与工程研究所研究员，冰冻圈科学国家重点实验室名誉主任。他是对地球"三极"（南极、北极、珠峰海拔最高极）均有突出贡献的中国科学家，也是首位获得沃尔沃环境奖的中国科学家。该奖项是实践环境科学领域的最高奖励，被誉为环境与可持续发展领域的"诺贝尔奖"。2022 年，他还获得国际地理联合会最高荣誉奖。秦大河院士是目前世界上唯一全部拥有南极地表一米以下冰雪标本的科学家，而且创建了国际上第一个以"冰冻圈科学"命名的研究机构。他被称为"中国徒步横穿南极大陆第一人"。

后　记

　　作为从事科学传播（Science Communication）学科专业的高校老师，我一直在反思：科学传播之所以成为一门独立的新兴学科，它的学科体系如何？它在学术领域探讨的理论问题与面向各层次科普实践所探讨的方法问题到底有哪些本质的区别？我想，它们之间的差异有点类似于新闻学专业的教授与擅长新闻报道的高级记者，他们在工作方式与思维方法上都有很大差异，甚至可以说是两个完全不同的专业群体。科普工作者的目标是把科普内容准确转化成受众喜闻乐见的形式传播出去，而学者往往把科学传播模式与效果作为研究的对象去总结和提升。

　　基于这样的理论思考，本课题组避免了科普工作"自上而下"的知识灌输，而是希望通过"科学对话"这种类似科普剧本的体裁，让读者跟随教授爷爷与热爱科学、喜欢探索的小哥俩（科科、阳阳），通过彼此间不断发问、回答、争论甚至"试错"的方法，体验层层剥茧的探索逻辑，感受不断质疑的科学精神。如何科学地提出问题、如何合理地探索方法、怎样达到对当前某些前沿的科学进展和科学思想的初步了解——这就是我们课题组"长大以后探索前沿科技"系列科普丛书的创作本意，也是我们从事科学传播这一新兴学科的老师和研究生探索理论联系实践的创新尝试，争取能做到"知行合一"，逐步形成团队的科普特色。

聊起本书的选题"长大以后去南极"，我有很多故事想向读者道来。孙立广教授是南极科考研究方面的知名学者，尤其以全球首创的"企鹅粪"沉积层研究古生态问题的新路径享誉全球。在孙老师的指导和支持下，我所带领的"极地科考史与科学传播课题组"参与国家海洋局极地科考办公室 2011 年设立的"十二五"规划政策课题"极地科技发展战略研究 -1"（CHINARE2012-04-05-03），前后认真做了六年有余，特别是通过走访我国 20 世纪 80 年代早期开创中国南极科考事业的很多前辈，积累了大量的"口述史"资料和科普素材，进行了抢救式的资料整理和视频采集，这也为我们后续申报中国科协科普研究所课题"小 Q 带你'邮'南极——30 年邮品看中国南极考察科普"（2015—2017）、中国科学院科学传播局出版专项课题"'天地生 -人'主题系列科普产品（《长大以后去南极》科普图书）"（2021—2022，CX2110250044）等提供了大力支持，在此一并表示感谢!

我们极地科考史与科学传播课题组在过去十年的摸索过程中，得到了时任国家海洋局极地考察办公室主任曲探宙、副主任吴军、政策与规划处处长徐世杰等领导的信任与鼓励，积极组织青岛学术年会的极地科考老专家"口述史"座谈会，抢救采集了郭琨（中国首次南极考察队队长）、颜其德（中国首次越冬考察队队长）、鄂栋臣（中国南极测绘第一人）、卞林根（第一位走进南极的中国气象人）等大量前辈专家的"口述史"视频素材，这些是后续进行极地科学传播与极地科考史研究的宝贵一手资料。当然，也有一些散落各处的资料线索，例如，美籍华人张逢铿博士早年在圣路易斯大学留学时就有幸参加美国 NSF 资助的横穿极地大陆探险壮举，据媒体报道，美国政府以"张氏峰"命名南极的一座山峰，并将其事迹镌刻在美国国会图书馆的一块大理石纪念碑上，为此我在 2016 年赴美访学期间还专程自费去该图书馆查证此事。这些独家史料是将来继续从事中国极地科考史研究的重要素材，当然也是推动这本科普书问世的一个内生动力。

在本书的科普创作过程中，我负责全书策划、构思与资料统筹，早年曾作为骨干参与课题的研究生诸如吴娟、李雅筝、杨灿等接续搜集了大量宝贵资料，最近两年聚焦科学传播的新闻与传播专业硕士研究生方玉婵、黄婧晔、王晨阳、朱雨琪等围绕"长大以后去南极"这一科普命题任务做了多轮的研讨与分工，按照不同章节字数有条不紊地顺利完成初稿文本（均超过中国科学技术大学科技传播系研究生培养任务要求的3万字），在此基础上我作为各位研究生的指导老师予以通篇修改润色，并筹集经费邀请潘特尔（天津）文化传播有限公司逐张手绘了插图，孙立广教授作为权威极地专家对各章节的图文进行了补充修改与逐页审校，付出了大量的心血和汗水，使得本书在极地科考方面的科普知识点精准可靠。在此，对上述各位老师、同学一并表示感谢！

本书作为中国科学技术大学人文与社会科学学院科技传播系、中国科学院科学传播研究中心的系列科普成果之一，也凝聚了中国科普作家协会、安徽省科普作家协会等诸多同事的智力财富。在《长大以后种太阳：面向未来的核聚变新能源》的科普创作过程中，就得到了郭传杰、周忠和、汤书昆、周荣庭、杨多文等老师的积极鼓励和支持，谢谢！

此外，还要特别感谢家里的两位小朋友褚抡元和马楚媛，是他们作为第一批小读者为我纠正了很多科普观念，告诉我不能总是以大人的视角去想当然地写，应该与孩子一起互动着去写！这也启发了我：按照"一问一答"去组织"十万个为什么"——随着ChatGPT的面世，会不会提问题决定了会不会学习、能不能科普，所以这本科普书的写作也体现了我们课题组打造"问答逻辑式"科普创作的创新思考，希望得到学术同行以及科普专家的理解与支持！

本书如有知识错漏或考证不全之处，还请各位读者批评指正。我们课题组将以做科学传播学术研究的心态，不断完善理论创新与实践创新。希望这套"长大以后探索前沿科技"系列科普丛书，能让我们与可爱的小读者一起共同成长！

褚建勋

2022 年底于中国科学技术大学